DEUTSCHE AKADEMIE DER WISSENSCHAFTEN ZU BERLIN

Veröffentlichungen des Geodätischen Institutes in Potsdam

Nr. 3

ERGEBNISSE DER PENDELMESSUNGEN

DER JAHRE 1934 BIS 1943

ZUSAMMENGESTELLT VON

K. WEIKEN

1950

AKADEMIE-VERLAG · BERLIN

Erschienen im Akademie-Verlag GmbH., Berlin NW 7, Schiffbauerdamm 19
Lizenz-Nr. 156 · 5916/49 — 8007/49
Gedruckt in der Buchdruckerei F. Mitzlaff, Rudolstadt i. Thür. (874)
Bestell- und Verlags-Nr. 2016/3
Preis: 9,— DM

Einleitung

Das Geodätische Institut Potsdam hat in den Jahren 1935—1943 im Rahmen der Geophysikalischen Reichsaufnahme zahlreiche Schweremessungen mit Pendeln innerhalb Deutschlands und auch in angrenzenden Gebieten ausgeführt, deren Ergebnisse hiermit der Fachwelt zur Verfügung gestellt werden.

Als Beobachtungsgerät dienten im wesentlichen ein Vierpendeltopfapparat mit den T-Invarpendeln F 9, F 10, F 11, F 12 (benutzt von den Beobachtern Schmehl, Weiken, Lehmann) und ein Vierpendelhaubenapparat mit den Korb-Invarpendeln 76, 77, 78, 79 (benutzt von den Beobachtern Jung, Reicheneder) ferner ein weiterer Haubenapparat mit den Pendeln 2, 3, 4, 10 (nur auf der ersten Meßreise 1935/36 von Weiken benutzt).

Die Durchgänge der Pendelschwingungen durch die Nullage wurden während der Sendezeiten der in Mitteleuropa gebräuchlichen auf langen Wellen ausgestrahlten Koinzidenzsignale (DFY Nauen, FYL Bordeaux, GBR Rugby) zusammen mit den Schwingungen einer Stimmgabel als Maßstab fotografisch registriert. Auf dem Film wurden vermittels eines elektromagnetischen Spiegelsystems gleichzeitig die Zeitzeichen aufgenommen.

Sämtliche Apparate und Hilfsgeräte waren in der Werkstätte des Geodätischen Instituts gebaut worden.

Der Pendeltopf wurde im allgemeinen auf 5—10 mm Hg ausgepumpt. Die Dauer einer Einzelmessung schwankt zwischen 2 und 20 Stunden. Häufig wurden nur Zwischenregistrierungen gemacht; manchmal aber auch in der ersten Minute des Zeitsignals die vorangegangenen Messungen abgeschlossen, dann die Pendel neu angestoßen und in der fünften Minute wurde bereits die neu begonnene Messung registriert.

Auf jeder Station ist durchschnittlich 24 Stunden gependelt worden. Die Ergebnisse aller Einzelmessungen sind, sofern dabei die Pendel nicht herausgenommen und neu eingehängt wurden, gemittelt und als Beobachtungswert g in der folgenden Zusammenstellung aufgeführt.

Angaben über Einzelheiten des Beobachtungs- und Auswerteverfahrens sollen einer späteren Veröffentlichung vorbehalten bleiben.

Außer dem Geodätischen Institut Potsdam hatten sich in den ersten Jahren (1934/35) auch das Geophysikalische Institut Göttingen, bzw. das Physikalische Institut der Bergakademie Clausthal mit einem Sterneck-Vierpendelapparat, bzw. einem Minimum-Dreipendelapparat und die Reichsanstalt für Erdbebenforschung in Jena mit von Zeiss gebauten Apparaten mit Stabpendeln aus Quarzglas an den Schweremessungen beteiligt. Ihre Ergebnisse sind zum Teil auf den ersten Seiten mit aufgeführt.

Die Stationsnamen sind, soweit bekannt, zweisprachig wiedergegeben. Die Ortsbeschreibung bezieht sich auf den Zeitpunkt der Messung. Nähere Auskunft darüber erteilt auf Anfrage das Geodätische Institut Potsdam. Es wurde jedoch nicht nachgeprüft, wie weit die Beobachtungsstelle durch die Ereignisse der vergangenen Jahre zerstört oder verändert ist.

KARL REICHENEDER

Erläuterung zu den Tabellen

Die Namen der Beobachter sind wie folgt abgekürzt:

a) vom Geodätischen Institut Potsdam:

Sl. = Prof. Dr. Schmehl,
Wk. = Prof. Dr. Weiken,
Jg. = Prof. Dr. Jung,
Je. = Prof. Dr. Jenne,
Le. = Prof. Dr. Lehmann,
Rd. = Dr. Reicheneder.

b) Von der Reichsanstalt für Erdbebenforschung Jena:

Me. = Dr. Meisser.

c) Von dem Geophysikalischen Institut Göttingen und dem Physikalischen Institut der Bergakademie Clausthal:

Rö. = Dr. Rössiger.

Die Messungen sind angeschlossen an den Normalwert von Potsdam, Pendelsaal des Geodätischen Instituts:

$$H = 87 \text{ m ü. NN.}; \quad g_P = 981{,}274.0.$$

Die Anschlußmessungen vor und nach jeder Reise wurden ausgeführt in den Pendelkellern des Institutsgebäudes. Für den Fußboden der Keller gelten die Werte:

$$H = 82{,}0 \text{ m ü. NN.}; \quad g = 981{,}275.5.$$

Die für die Feldstationen angegebenen Schwerewerte gelten, wenn nichts anderes ausdrücklich angegeben ist, für die Höhe des Fußbodens im Beobachtungsraum.

Die Freiluftreduktion wurde errechnet nach der Formel:

$$g_o - g = + 0{,}3086 \cdot H \text{ mgal};$$

die Massenreduktion (Bouguer) nach der Formel:

$$g''_o - g_o = -3/4 \cdot \frac{d}{d_m} \cdot (g_o - g) = -0{,}04193 \cdot d \cdot H \text{ mgal}$$

(H = Höhe über NN in m; $d_m = 5{,}52$; d = Untergrunddichte).

Die topographische (Gelände-) Reduktion ($g'_o - g_o$) ist nicht angebracht worden.

Die Normalwerte der Schwerkraft im Meeresniveau sind berechnet nach Helmert (1901):

$$\gamma_o = 978{,}030 \cdot (1 + 0{,}005\,302 \cdot \sin^2\varphi - 0{,}000\,007 \cdot \sin^2 2\,\varphi)$$

und nach der internationalen Formel (Cassinis 1930):

$$\gamma'_o = 978{,}049 \cdot (1 + 0{,}005\,2884 \cdot \sin^2\varphi - 0{,}000\,0059 \cdot \sin^2 2\,\varphi).$$

Meßgebiet I

Station Lagebezeichnung	Breite Länge ö. Gr. Höhe ü. NN Dichte	Beob. Jahr 19..	g (Gewicht) System Potsdam	$g_0 - g$ g_0 $g_0'' - g_0$ g_0''	γ_0 $(\gamma_0' - \gamma_0)$ $g_0 - \gamma_0$ $g_0'' - \gamma_0$	γ_0' $g_0 - \gamma_0'$ $g_0'' - \gamma_0'$
I, 1 Borken,	51° 50,7′	Sl. 35	981,236.9	+ 14.56	981,229.92	981,241.78
Lehrmittelzimmer der	6° 51,6′	Me. 35	232.8	981,249.16	(+ 11.86)	
kath. Volksschule,		Rö. 35	234.7 (2)			
Kapuzinerstr. 5	47,2 m	Jg. 38	234.1 (2)	— 4.35	+ 19.2	+ 7.4
	2,2	Mittel:	981,234.6 ± 0.71	981,244.81	+ 14.9	+ 3.0
I, 2 Ostbevern,	52° 2,6′	Sl. 35	981,250.9 (½)	+ 16.08	981,247.37	981,259.18
a) Nördlicher Wagenraum des Herrn	7° 50,3′	Rö. 35	248.0	981,265.08	(+ 11.81)	
W. Lohmann	52,1 m	Mittel:	981,249.0 ± 1.37	— 5.07	+ 17.7	+ 5.9
	2,32			981,260.01	+ 12.6	+ 0.8
b) Kath. Volksschule,	52° 2,2′	Jg. 38	981,249.5 (2)	+ 15.98	981,246.78	981,258.59
Vorkeller	7° 50,5′			981,265.48	(+ 11.81)	
	51,8 m			— 5.00	+ 18.7	+ 6.9
	2,3			981,260.48	+ 13.7	+ 1.9
			Mittel:	$g_0'' - \gamma_0 =$	+ 13.2 ± 0.75	
I, 3 Quernheim,	52° 14,3′	Sl. 35	981,274.9	+ 29.87	981,264.50	981,276.26
a) Ehemalige Kapelle	8° 38,7′	Rö. 35	273.2 (½)	981,304.17	(+ 11.76)	
	96,8 m	Mittel:	981,274.3 ± 0.80	— 9.74	+ 39.7	+ 27.9
	2,4			981,294.43	+ 29.9	+ 18.2
b) Futterküche bei Bürgermeister Stille	52° 14,3′	Me. 35	981,272.8	+ 29.22	981,264.50	981,276.26
	8° 38,7′			981,302.02	(+ 11.76)	
	94,7 m			— 9.53	+ 37.5	+ 25.8
	2,4			981,292.49	+ 28.0	+ 16.2
			Mittel:	$g_0'' - \gamma_0 =$	+ 29.1 ± 0.82	
I, 4 Osnabrück,	52° 16,5′	Sl. 35	981,285.3	+ 19.35	981,267.71	981,279.46
Mösermittelschule,	8° 2,6′	Sl. 35	286.0	981,304.35	(+ 11.75)	
Werkstattraum im		Sl. 35	284.3			
Nordflügel,	62,7 m	Sl. 35	284.5	— 5.78	+ 36.6	+ 24.9
Heckenstr. 11	2,2	Mittel:	981,285.0 ± 0.39	981,298.57	+ 30.9	+ 19.1
I, 5 Bentheim,	52° 18,2′	Sl. 35	981,282.7	+ 28.18	981,270.20	981,281.94
Fürstl. Schloß,	7° 9,4′	Me. 35	281.5	981,310.28	(+ 11.74)	
Speiseraum neben der		Rö. 35	282.1			
Küche	91,3 m	Mittel:	981,282.1 ± 0.35	— 8.84	+ 40.1	+ 28.3
	2,31			981,301.44	+ 31.2	+ 19.5
I, 6 Vechta,	52° 43,7′	Sl. 35	981,310.2	+ 10.71	981,307.39	981,319.03
Vorraum in der	8° 17,3′	Me. 35	307.1	981,319.51	(+ 11.64)	
Klosterkirche bei der		Rö. 35	308.2			
Strafanstalt	34,7 m	Mittel:	981,308.8 ± 0.72	— 2.76	+ 12.1	+ 0.5
	1,9			981,316.75	+ 9.4	— 2.3
I, 7 Berssen,	52° 46,2′	Sl. 35	981,317.2	+ 9.94	981,311.03	981,322.66
Schule, Keller der	7° 27,9′	Me. 35	318.0	981,326.74	(+ 11.63)	
Lehrerwohnung		Rö. 35	315.3			
	32,2 m	Mittel:	981,316.8 ± 0.80	— 2.56	+ 15.7	+ 4.1
	1,9			981,324.18	+ 13.2	+ 1.5
I, 8 Oldenburg,	53° 8,1′	Sl. 35	981,346.3	+ 1.11	981,342.85	981,354.39
Blumenhof-Mädchenschule, Umkleideraum	8° 13,4′	Sl. 35	346.5	981,347.81	(+ 11.54)	
neben dem Bad		Sl. 35	346.4			
	3,6 m	Sl. 35	347.6	— 0.29	+ 5.0	— 6.6
	1,9	Mittel:	981,346.7 ± 0.30	981,347.52	+ 4.7	— 6.9

Station / Lagebezeichnung	Breite / Länge ö. Gr. / Höhe ü. NN / Dichte	Beob. Jahr 19..	g (Gewicht) System Potsdam	$g_0 - g$ / g_0 / $g_0'' - g_0$ / g_0''	γ_0 / $(\gamma_0' - \gamma_0)$ / $g_0 - \gamma_0$ / $g_0'' - \gamma_0$	γ_0' / $g_0 - \gamma_0'$ / $g_0'' - \gamma_0'$
I, 9 **Weener,**	53° 10,1′	Sl. 35	981,347.6	+ 1.51	981,345.74	981,357.27
Schulstraße, Neue	7° 21,2′	Me. 35	350.0 (¼)	981,349.41	(+ 11.53)	
Volksschule, Baderaum		Rö. 35	347.6			
	4,9 m	Mittel:	981,347.9 ± 0.53	— 0.39	+ 3.7	— 7.9
	1,9			981,349.02	+ 3.3	— 8.2
I, 10 **Norden,**	53° 35,5′	Sl. 35	981,385.8	+ 0.89	981,382.49	981,393.92
An der Welle 6,	7° 11,8′	Me. 35	382.0 (¼)	981,386.49	(+ 11.43)	
Keller im Haus des		Rö. 35	386.2			
Herrn Janssen	2,9 m	Mittel:	981,385.6 ± 0.90	— 0.23	+ 4.0	— 7.4
	1,9			981,386.26	+ 3.8	— 7.7
I, 11 **Hohenkirchen,**	53° 39,9′	Sl. 35	981,388.4	+ 0.15	981,388.84	981,400.25
Schule, Keller in der	7° 55,1′	Me. 35	384.7 (¼)	981,388.25	(+ 11.41)	
Lehrerwohnung		Rö. 35	388.8 (¾)			
	0,5 m	Mittel:	981,388.1 ± 0.91	— 0.04	— 0.6	— 12.0
	1,9			981,388.21	— 0.6	— 12.0
		$M_I^2 = \frac{4.7382}{11} = 0{,}4307;$				
		$M_I = \pm\ 0{,}66$				

Meßgebiet II

Station / Lagebezeichnung	Breite / Länge ö. Gr. / Höhe ü. NN / Dichte	Beob. Jahr 19..	g (Gewicht) System Potsdam	$g_0 - g$ / g_0 / $g_0'' - g_0$ / g_0''	γ_0 / $(\gamma_0' - \gamma_0)$ / $g_0 - \gamma_0$ / $g_0'' - \gamma_0$	γ_0' / $g_0 - \gamma_0'$ / $g_0'' - \gamma_0'$
II, 1 **Itzehoe,**	53° 55,1′	Sl. 35	981,408.1	+ 3.15	981,410.72	981,422.07
Neuhof, Wohnhaus	9° 32,0′	Wk. 35	406.8	981,410.85	(+ 11.35)	
Dr. Höpner, Obstkeller		Jg. 35	408.3			
	10,2 m	Mittel:	981,407.7 ± 0.47	— 0.81	+ 0.1	— 11.2
	1,9			981,410.04	— 0.7	— 12.0
II, 2 **Schlamersdorf,**	54° 2,5′	Sl. 35	981,426.5	+ 13.12	981,421.36	981,432.68
Wagenraum beim	10° 23,7′	Wk. 35	427.3	981,440.32	(+ 11.32)	
Gastwirt Benader		Jg. 35	427.7			
	42,5 m	Mittel:	981,427.2 ± 0.38	— 3.47	+ 19.0	+ 7.6
	1,95			981,436.85	+ 15.5	+ 4.2
II, 3 **Meldorf,**	54° 5,4′	Sl. 35	981,434.0	+ 3.64	981,425.53	981,436.84
Heisterberg 2,	9° 4,4′	Wk. 35	432.2	981,436.64	(+ 11.31)	
Keller		Jg. 35	432.9			
	11,8 m	Mittel:	981,433.0 ± 0.52	— 0.96	+ 11.1	— 0.2
	1,95			981,435.68	+ 10.2	— 1.2
II, 4 **Rendsburg,**	54° 18,3′	Sl. 35	981,456.8	+ 3.58	981,444.02	981,455.28
Bremer Landstraße,	9° 40,8′	Sl. 35	457.3	981,461.18	(+ 11.26)	
Berufsschule, Keller		Wk. 35	457.8			
der Direktorwohnung	11,6 m	Jg. 35	458.7	— 0.92	+ 17.2	+ 5.9
	1,9	Mittel:	981,457.6 ± 0.41	981,460.26	+ 16.2	+ 5.0
II, 5 **Großenbrode,**	54° 22,5′	Sl. 35	981,463.9	+ 1.82	981,450.04	981,461.28
Waschküche beim	11° 5,1′	Wk. 35	464.2	981,466.02	(+ 11.24)	
Pfarrhaus		Jg. 35	464.5			
	5,9 m	Mittel:	981,464.2 ± 0.17	— 0.47	+ 16.0	+ 4.7
	1,9			981,465.55	+ 15.5	+ 4.3

Station Lagebezeichnung	Breite Länge ö. Gr. Höhe ü. NN Dichte	Beob. Jahr 19..	g (Gewicht) System Potsdam	$g_0 - g$ g_0 $g_0'' - g_0$ g_0''	γ_0 $(\gamma_0' - \gamma_0)$ $g_0 - \gamma_0$ $g_0'' - \gamma_0$	γ_0' $g_0 - \gamma_0'$ $g_0'' - \gamma_0'$
II, 6 Dänischenhagen, Pfarrhaus, Vorratskeller östl. d. Hauseingangs	54° 25,5′ 10° 7,7′ 16,6 m 1,95	Sl. 35 Wk. 35 Jg. 35 Mittel:	981,474.7 473.8 474.9 981,474.5 ± 0.34	+ 5.12 981,479.62 — 1.36 981,478.26	981,454.32 (+ 11.23) + 25.3 + 23.9	981,465.55 + 14.1 + 12.7
II, 7 Husum, Viehhof, Kesselraum im Seuchenstall	54° 29,2′ 9° 2,9′ 8,5 m 1,95	Sl. 35 Wk. 35 Jg. 35 Mittel:	981,479.2 480.2 478.2 981,479.2 ± 0.58	+ 2.62 981,481.82 — 0.69 981,481.13	981,459.62 (+ 11.21) + 22.2 + 21.5	981,470.83 + 11.0 + 10.3
II, 8 Flensburg, Sportplatz Kielseng, Arztraum im Verw.-Gebäude	54° 48,3′ 9° 27,1′ 34,6 m 1,95	Sl. 35 Wk. 35 Jg. 35 Mittel:	981,501.1 501.4 499.0 (½) 981,500.8 ± 0.64	+ 10.68 981,511.48 — 2.83 981,508.65	981,486.86 (+ 11.14) + 24.6 + 21.8	981,498.00 + 13.5 + 10.6
II, 9 Neukirchen, Otzhusum, Back- u. Waschhaus des Amtsvorstehers	54° 52,2′ 8° 44,8′ 1,4 m 2,0	Sl. 35 Wk. 35 Jg. 35 Mittel:	981,509.7 511.2 509.6 981,510.2 ± 0.52	+ 0.43 981,510.63 — 0.12 981,510.51	981,492.40 (+ 11.12) + 18.2 + 18.1	981,503.52 + 7.1 + 7.0

$$M_{II}^2 = \frac{1,9647}{9} = 0,2183; \quad M_{II} = \pm 0,47$$

Meßgebiet III

Station Lagebezeichnung	Breite Länge ö. Gr. Höhe ü. NN Dichte	Beob. Jahr 19..	g (Gewicht) System Potsdam	$g_0 - g$ g_0 $g_0'' - g_0$ g_0''	γ_0 $(\gamma_0' - \gamma_0)$ $g_0 - \gamma_0$ $g_0'' - \gamma_0$	γ_0' $g_0 - \gamma_0'$ $g_0'' - \gamma_0'$
III, 1 Schleiz, Ehem. Windmühle bei L. Regler, Kartoffelkeller	50° 35,3′ 11° 49,1′ 461,4 m 2,62	Sl. 35 Me. 35 Rö. 35 Mittel:	981,036.2 037.6 038.1 (½) 981,037.1 ± 0.56	+ 142.39 981,179.49 — 50.68 981,128.81	981,118.73 (+ 12.16) + 60.8 + 10.1	981,130.89 + 48.6 — 2.1
III, 2 Tann, Schloß Baron v. d. Tann, Wichskeller	50° 38,6′ 10° 1,3′ 368,3 m 2,3	Sl. 35 Me. 35 Rö. 35 Mittel:	981,052.5 052.7 052.1 981,052.4 ± 0.18	+ 113.66 981,166.06 — 35.52 981,130.54	981,123.63 (+ 12.15) + 42.4 + 6.9	981,135.78 + 30.3 — 5.2
III, 3 Ilmenau I, Städt. Krankenhaus, Desinfektionskeller	50° 40,8′ 10° 55,2′ 489,7 m 2,60	Sl. 35 Me. 35 Rö. 35 Mittel:	981,027.9 026.7 028.3 981,027.6 ± 0.48	+ 151.12 981,178.72 — 53.39 981,125.33	981,126.88 (+ 12.14) + 51.8 — 1.6	981,139.02 + 39.7 — 13.7
Ilmenau II, Obereichamt, Alte Münze	50° 41,4′ 10° 55,1′ 497,4 m 2,6	Me. 35	981,026.2	+ 153.50 981,179.70 — 54.23 981,125.47	981,127.77 (+ 12.13) + 51.9 — 2.3	981,139.90 + 39.8 — 14.4
			Mittel:	$g_0'' - \gamma_0 =$	— 1.8 ± 0.39	

Station Lagebezeichnung	Breite Länge ö. Gr. Höhe ü. NN Dichte	Beob. Jahr 19..	g (Gewicht) System Potsdam	$g_0 - g$ g_0 $g_0'' - g_0$ g_0''	γ_0 $(\gamma_0' - \gamma_0)$ $g_0 - \gamma_0$ $g_0'' - \gamma_0$	γ_0' $g_0 - \gamma_0'$ $g_0'' - \gamma_0'$
III, 4 Jena, Reichsanstalt für Erdbebenforschung, Pendelkeller	50° 56,1′ 11° 35,0′ 192,6 m 2,34	Me. 35 Me. 35 Sl. 35 Sl. 35 Jg. 35 Jg. 35 Mittel:	981,115.4 118.9 116.7 116.6 117.9 118.4 981,117.3 ± 0.54	+ 59.44 981,176.74 — 18.90 981,157.84	981,149.51 (+ 12.08) + 27.2 + 8.3	981,161.59 + 15.2 — 3.8
III, 5 Waldkappel, Feuerwehrgerätehaus, Sanitätsraum	51° 8,6′ 9° 52,5′ 237,9 m 2,3	Sl. 35 Me. 35 Rö. 35 Mittel:	981,132.0 129.5 131.4 981,131.0 ± 0.75	+ 73.42 981,204.42 — 22.94 981,181.48	981,167.97 (+ 12.03) + 36.4 + 13.5	981,180.00 + 24.4 + 1.5
III, 6 Greußen, Fortbildungsschule, Kohlenkeller	51° 13,8′ 10° 56,8′ 157,9 m 2,28	Sl. 35 Rö. 35 Mittel:	981,152.2 152.9 981,152.6 ± 0.35	+ 48.73 981,201.33 — 15.10 981,186.23	981,175.64 (+ 12.00) + 25.7 + 10.6	981,187.64 + 13.7 — 1.4
III, 7 Eisleben, Grabenstraße, Knabenvolksschule, Keller im Ostflügel	51° 31,7′ 11° 32,7′ 125,8 m 2,24	Jg. 35 Me. 35 Rö. 35 Mittel:	981,213.2 213.6 214.0 981,213.6 ± 0.23	+ 38.82 981,252.42 — 11.82 981,240.60	981,202.00 (+ 11.93) + 50.4 + 38.6	981,213.93 + 38.5 + 26.7
III, 8 Göttingen, Geophysikalisches Institut, Erdbebenhaus	51° 32,8′ 9° 57,9′ 272,4 m 2,5	Sl. 35 Sl. 35 Jg. 35 Jg. 35 Mittel:	981,155.8 154.7 157.2 156.8 981,156.1 ± 0.56	+ 84.06 981,240.16 — 28.55 981,211.61	981,203.62 (+ 11.93) + 36.5 + 8.0	981,215.55 + 24.6 — 3.9
III, 9 Benneckenstein, Gallenberg 1, Vorkeller	51° 40,4′ 10° 43,0′ 529,7 m 2,5	Jg. 35 Me. 35 Rö. 35 Mittel:	981,144.0 144.2 142.7 (¼) 981,143.9 ± 0.32	+ 163.46 981,307.36 — 55.52 981,251.84	981,214.80 (+ 11.90) + 92.6 + 37.0	981,226.70 + 80.7 + 25.1
III, 10 Bockenem, Rathaus, Waschküche	52° 0,6′ 10° 7,8′ 120,3 m 2,38	Jg. 35 Me. 35 Rö. 35 Mittel:	981,229.0 229.8 229.3 981,229.4 ± 0.23	+ 37.12 981,266.52 — 12.00 981,254.52	981,244.44 (+ 11.82) + 22.1 + 10.1	981,256.26 + 10.3 — 1.7
III, 11 Schöppenstedt, Südstraße 5, Abstellraum	52° 8,6′ 10° 46,1′ 102,9 m 2,28	Jg. 35 Rö. 35 Mittel:	981,244.2 244.5 981,244.4 ± 0.15	+ 31.75 981,276.15 — 9.84 981,266.31	981,256.16 (+ 11.79) + 20.0 + 10.2	981,267.95 + 8.2 — 1.6
III, 12 Magdeburg, Ehem. Neustädt. Schützenhaus, Küche	52° 9,9′ 11° 38,7′ 45,6 m 2,52	Sl. 35 Wk. 35 Wk. 36 a Jg. 35 Mittel:	981,295.2 296.4 295.2 295.9 981,295.7 ± 0.29	+ 14.07 981,309.77 — 4.82 981,304.95	981,258.05 (+ 11.78) + 51.7 + 46.9	981,269.83 + 39.9 + 35.1
		$M_{III}^2 = \frac{2{,}1031}{12} = 0{,}1753$; $M_{III} = \pm 0.42$				

Meßgebiet IV

Station Lagebezeichnung	Breite Länge ö. Gr. Höhe ü. NN Dichte	Beob. Jahr 19..	g (Gewicht) System Potsdam	$g_0 - g'$ g_0 $g_0'' - g_0$ g_0''	γ_0 $(\gamma_0' - \gamma_0)$ $g_0 - \gamma_0$ $g_0'' - \gamma_0$	γ_0' $g_0 - \gamma_0'$ $g_0'' - \gamma_0'$
IV, 1 **Kremmen,** Luchhütte am Kremmer See, Küche	52° 46,9'	Sl. 35	981,314.4	+ 11.02	981,312.05	981,323.67
	13° 1,9'	Jg. 36 a	318.1 (¼)	981,327.22	(+ 11.62)	
	35,7 m	Jg. 38	316.9 (2)	— 2.84	+ 15.2	+ 3.6
	1,9	Mittel:	981,316.2 ± 0.89	981,324.38	+ 12.3	+ 0.7
IV, 2 **Perleberg,** Knabenvolksschule, Fahrradraum	53° 4,5'	Sl. 35	981,357.5	+ 8.42	981,337.62	981,349.17
	11° 51,7'	Jg. 36 a	358.3	981,365.82	(+ 11.55)	
	27,3 m	Me. 35	356.3	— 2.17	+ 28.2	+ 16.6
	1,9	Mittel:	981,357.4 ± 0.58	981,363.65	+ 26.0	+ 14.5
IV, 3 **Alt-Daber** bei Wittstock, Burg Daber, Keller im Genesungsheim	53° 12,4'	Sl. 35	981,371.9	+ 21.72	981,349.08	981,360.60
	12° 29,9'	Wk. 36 b	371.7	981,394.22	(+ 11.52)	
	70,4 m	Jg. 36 a	372.9	— 5.61	+ 45.1	+ 33.6
		Me. 35	376.4 (¼)			
	1,9	Mittel:	981,372.5 ± 0.48	981,388.61	+ 39.5	+ 28.0
IV, 4 **Putlitz I,** Schützenhalle an der Stepnitz	53° 14,7'	Sl. 35	981,371.4	+ 15.58	981,352.42	981,363.93
	12° 1,9'	Jg. 36 a	374.2 (¼)	981,387.58	(+ 11.51)	
	50,5 m	Mittel:	981,372.0 ± 1.12	— 4.02	+ 35.2	+ 23.6
	1,9			981,383.56	+ 31.1	+ 19.6
Putlitz II, Fr.-Ludw.-Jahnstr., Haus des Landwirts Berger, Keller	53° 14,7'	Me. 35	981,370.6	+ 16.39	981,352.42	981,363.93
	12° 2,1'			981,386.99	(+ 11.51)	
	53,1 m			— 4.23	+ 34.6	+ 23.1
	1,9			981,382.76	+ 30.3	+ 18.8
			Mittel:	$g_0'' - \gamma_0$ =	+ 30.7 ± 0.61	
IV, 5 **Prenzlau I,** Klosterstr. 4, Feuerwehrdepot, Mittl. S-Keller	53° 19,0'	Sl. 35	981,362.4	+ 6.88	981,358.64	981,370.13
	13° 51,4'	Jg. 36 a	364.1	981,370.08	(+ 11.49)	
	22,3 m	Mittel:	981,363.2 ± 0.85	— 1.78	+ 11.4	0.0
	1,9			981,368.30	+ 9.7	— 1.8
Prenzlau II, Winterfeldstraße, Turnhalle in der Stadtschule II, Knabenbaderaum	53° 19,3'	Me. 35	981,364.6	+ 6.14	981,359.08	981,370.57
	13° 51,7'			981,370.74	(+ 11.49)	
	19,9 m			— 1.58	+ 11.7	+ 0.2
	1,9			981,369.16	+ 10.1	— 1.4
			Mittel:	$g_0'' - \gamma_0$ =	+ 9.8 ± 0.51	
IV, 6 **Karow,** Verwaltungsgebäude des Gutes, Plättstube	53° 32,2'	Sl. 35	981,396.0	+ 21.91	981,377.72	981,389.16
	12° 15,4'	Jg. 36 a	395.9	981,418.41	(+ 11.44)	
	71,0 m	Me. 35	398.8 (½)	— 5.66	+ 40.7	+ 29.2
	1,9	Mittel:	981,396.5 ± 0.81	981,412.75	+ 35.0	+ 23.6
IV, 7 **Neubrandenburg,** Lessingstr. 1, Reformrealgymnasium, Durchgangsraum im Keller	53° 33,3'	Sl. 35	981,391.1	+ 4.69	981,379.31	981,390.75
	13° 15,4'	Sl. 35	390.3	981,395.59	(+ 11.44)	
		Wk. 35	391.3			
	15,2 m	Wk. 36 b	391.0	— 1.21	+ 16.3	+ 4.8
	1,9	Mittel:	981,390.9 ± 0.22	981,394.38	+ 15.1	+ 3.6
IV, 8 **Wismar,** Stadtkrankenhaus, Obstkeller	53° 53,3'	Wk. 35	981,432.1	+ 2.44	981,408.14	981,419.50
	11° 28,4'	Wk. 36 b	430.7	981,433.34	(+ 11.36)	
	7,9 m	Me. 35	430.0	— 0.63	+ 25.2	+ 13.8
	1,9	Mittel:	981,430.9 ± 0.62	981,432.71	+ 24.6	+ 13.2

Station Lagebezeichnung	Breite Länge ö. Gr. Höhe ü. NN Dichte	Beob. Jahr 19..	g (Gewicht) System Potsdam	$g_0 - g$ g_0 $g_0'' - g_0$ g_0''	γ_0 $(\gamma_0' - \gamma_0)$ $g_0 - \gamma_0$ $g_0'' - \gamma_0$	γ_0' $g_0 - \gamma_0'$ $g_0'' - \gamma_0'$
IV, 9 Swinemünde (Swinioujscie), Heysestraße, Schule, Vorraum zum Bad	53° 54,8′ 14° 14,8′ 2,5 m 1,7	Sl. 35 Wk. 36 b Me. 35 Mittel:	981,418.7 (½) 416.7 415.9 981,416.8 ± 0.72	+ 0.77 981,417.57 — 0.18 981,417.39	981,410.29 (+ 11.35) + 7.3 + 7.1	981,421.64 — 4.1 — 4.2
IV, 10 Tessin, Neues Rathaus, Keller	54° 1,7′ 12° 28,2′ 14,4 m 1,9	Wk. 35 Wk. 36 b Me. 35 Mittel:	981,429.5 429.3 429.4 981,429.4 ± 0.06	+ 4.44 981,433.84 — 1.15 981,432.69	981,420.21 (+ 11.32) + 13.6 + 12.5	981,431.53 + 2.3 + 1.2
IV, 11 Bergen, Arndtstraße, Arndtschule, Kartenzimmer	54° 25,3′ 13° 25,7′ 53,5 m 1,9	Wk. 35 Wk. 36 b Me. 35 Mittel:	981,465.1 465.7 467.6 981,466.1 ± 0.75	+ 16.51 981,482.61 — 4.26 981,478.35	981,454.04 (+ 11.23) + 28.6 + 24.3	981,465.27 + 17.3 + 13.1
		$M_{IV}^2 = \frac{3,7092}{11} = 0,3372;$ $M_{IV} = \pm 0.58$				

Meßgebiet V

Station Lagebezeichnung	Breite Länge ö. Gr. Höhe ü. NN Dichte	Beob. Jahr 19..	g (Gewicht) System Potsdam	$g_0 - g$ g_0 $g_0'' - g_0$ g_0''	γ_0 $(\gamma_0' - \gamma_0)$ $g_0 - \gamma_0$ $g_0'' - \gamma_0$	γ_0' $g_0 - \gamma_0'$ $g_0'' - \gamma_0'$
V, 1 Hameln, Alte Brauerei, Waschküche	52° 7,3′ 9° 21,4′ 68,9 m 1,9	Sl. 35 Me. 35 Rö. 35 Mittel:	981,261.1 (½) 263.7 263.3 (¾) 981,263.0 ± 0.72	+ 21.26 981,284.26 — 5.49 981,278.77	981,254.25 (+ 11.79) + 30.0 + 24.5	981,266.04 + 18.2 + 12.7
V, 2 Hannover, Geod. Institut der Techn. Hochschule, Pendelkeller	52° 23,2′ 9° 42,9′ 53,4 m 2,23	Sl. 35 Sl. 35 Jg. 35 Jg. 35 Mittel:	981,276.4 276.7 276.6 276.2 981,276.5 ± 0.11	+ 16.48 981,292.98 — 4.99 981,287.99	981,277.50 (+ 11.72) + 15.5 + 10.5	981,289.22 + 3.8 — 1.2
V, 3 Gifhorn, Oldaustraße, Mittelschule, Kohlenkeller	52° 29,0′ 10° 32,6′ 52,7 m 1,91	Sl. 35 Sl. 35 Wk. 35 Wk. 35 Mittel:	981,287.4 288.0 288.0 288.4 981,288.0 ± 0.21	+ 16.26 981,304.26 — 4.22 981,300.04	981,285.97 (+ 11.70) + 18.3 + 14.1	981,297.67 + 6.6 + 2.4
V, 4 Tangermünde, Bismarckstraße, Ev. Knabenschule, Heizkeller	52° 32,8′ 11° 58,5′ 42,4 m 1,9	Sl. 35 Me. 35 Rö. 35 Mittel:	981,284.8 286.3 287.3 981,286.1 ± 0.73	+ 13.08 981,299.18 — 3.38 981,295.80	981,291.51 (+ 11.68) + 7.7 + 4.3	981,303.19 — 4.0 — 7.4
V, 5 Leese, Ev. Gemeindehaus, Vorflur	52° 30,4′ 9° 6,6′ 35,3 m 1,9	Jg. 35 Me. 35 Rö. 35 Mittel:	981,301.6 301.2 304.4 (⅓) 981,301.8 ± 0.75	+ 10.89 981,312.69 — 2.81 981,309.88	981,288.0 (+ 11.69) + 24.7 + 21.9	981,299.69 + 13.0 + 10.2

Station Lagebezeichnung	Breite Länge ö. Gr. Höhe ü. NN Dichte	Beob. Jahr 19..	g (Gewicht) System Potsdam	$g_0 - g$ g_0 $g_0'' - g_0$ g_0''	γ_0 $(\gamma_0' - \gamma_0)$ $g_0 - \gamma_0$ $g_0'' - \gamma_0$	γ_0' $g_0 - \gamma_0'$ $g_0'' - \gamma_0'$
V, 6 Bühne, Hof vom Gemeindevorstand Brake, Küche im Altenteil	52° 41,6′ 11° 21,0′ 34,6 m 1,9	Jg. 35 Me. 35 Rö. 35 Mittel:	981,307.9 (¼) 307.0 308.5 981,307.8 ± 0.50	+ 10.68 981,318.48 — 2.76 981,315.72	981,304.34 (+ 11.65) + 14.1 + 11.4	981,315.99 + 2.5 — 0.3
V, 7 Blickwedel, Herrenhaus d. Gutes A. Aselmann, Westraum	52° 45,8′ 10° 25,8′ 95,9 m 1,95	Sl. 35 Me. 35 Rö. 35 Mittel:	981,304.8 306.7 306.8 981,306.1 ± 0.65	+ 29.59 981,335.69 — 7.84 981,327.85	981,310.45 (+ 11.63) + 25.2 + 17.4	981,322.08 + 13.6 + 5.8
V, 8 Havelberg, Schmokenberg-Lichtspiele, Waschküche	52° 50,2′ 12° 3,9′ 33,0 m 1,9	Jg. 35 Me. 35 Rö. 35 Mittel:	981,333.9 (1/5) 338.5 338.3 981,338.0 ± 0.92	+ 10.18 981,348.18 — 2.63 981,345.55	981,316.85 (+ 11.61) + 31.3 + 28.7	981,328.46 + 19.7 + 17.1
V, 9 Neubruchhausen, Gasthaus Joh. Meyer, Weinkeller	52° 50,5′ 8° 50,6′ 36,6 m 1,9	Jg. 35 Me. 34 Rö. 35 Mittel:	981,313.7 312.5 310.4 (½) 981,312.6 ± 0.85	+ 11.29 981,323.89 — 2.92 981,320.97	981,317.28 (+ 11.61) + 6.6 + 3.7	981,328.89 — 5.0 — 7.9
V, 10 Soltau I, Schützenplatz, Küche i. d. Turnhalle	52° 59,5′ 9° 50,4′ 61,5 m 1,9	Me. 34 Rö. 35 Rö. 35 Mittel:	981,318.7 319.7 (½) 315.4 981,317.6 ± 1.28	+ 18.98 981,336.58 — 4.90 981,331.68	981,330.36 (+ 11.57) + 6.2 + 1.3	981,341.93 — 5.4 — 10.2
Soltau II, Blumenstr. 10, Garage Sievers	52° 59,2′ 9° 50,3′ 59,0 m 1,9	Jg. 35	981,317.2	+ 18.21 981,335.41 — 4.70 981,330.71	981,329.93 (+ 11.57) + 5.5 + 0.8	981,341.50 — 6.1 — 10.8
			Mittel:	$g_0'' - \gamma_0 =$	+ 1.2 ± 0.90	
V, 11 Hitzacker, Haus von Bürgermeister Stahlmann, Waschküche	53° 9,1′ 11° 2,9′ 14,3 m 1,9	Jg. 35 Me. 35 Rö. 35 Mittel:	981,351.2 (⅓) 354.4 352.9 981,353.3 ± 0.78	+ 4.41 981,357.71 — 1.14 981,356.57	981,344.30 (+ 11.53) + 13.4 + 12.3	981,355.83 + 1.9 + 0.7
V, 12 Winkeldorf, Schule, Keller	53° 12,2′ 9° 12,6 39,5 m 1,9	Jg. 35 Me. 34 Rö. 35 Mittel:	981,342.0 344.7 (½) 341.4 981,342.3 ± 0.87	+ 12.19 981,354.49 — 3.15 981,351.34	981,348.79 (+ 11.53) + 5.7 + 2.6	981,360.32 — 5.8 — 9.0
V, 13 Neetze, Gasthaus Schoppe, Keller	53° 16,0′ 10° 37,6′ 19,4 m 1,9	Jg. 35 Me. 35 Rö. 35 Mittel:	981,364.4 (⅓) 362.4 363.7 981,363.2 ± 0.54	+ 5.99 981,369.19 — 1.55 981,367.64	981,354.29 (+ 11.51) + 14.9 + 13.4	981,365.80 + 3.4 + 1.8
V, 14 Hagen, Altersheim Weißenberg, Leichenhalle	53° 22,1′ 8° 36,7′ 16,4 m 1,9	Sl. 35 Me. 34 Rö. 35 Mittel:	981,355.4 354.9 355.0 981,355.1 ± 0.15	+ 5.06 981,360.16 — 1.31 981,358.85	981,363.12 (+ 11.48) — 3.0 — 4.3	981,374.60 — 14.4 — 15.8

Station / Lagebezeichnung	Breite / Länge ö. Gr. / Höhe ü. NN / Dichte	Beob.	Jahr 19..	g (Gewicht) System Potsdam	g_0-g / g_0 / $g_0''-g_0$ / g_0''	γ_0 / $(\gamma_0'-\gamma_0)$ / $g_0-\gamma_0$ / $g_0''-\gamma_0$	γ_0' / / $g_0-\gamma_0'$ / $g_0''-\gamma_0'$
V, 15 Goldenstädt,	53° 28,3′	Jg.	38	981,385.7 (2)	+ 12.31	981,372.08	981,383.54
Schule, Garage	11° 30,1′	Me.	35	384.8	981,397.91	(+ 11.46)	
		Rö.	35	386.0			
	39,9 m	Mittel:		981,385.6 ± 0.26	— 3.18	+ 25.8	+ 14.4
	1,9				981,394.73	+ 22.6	+ 11.2
V, 16 Schenefeld,	53° 36,1′	Sl.	35	981,383.8	+ 6.94	981,383.35	981,394.78
Bäckerei Meyer, Garage	9° 49,2′	Me.	35	386.3 (½)	981,391.44	(+ 11.43)	
		Rö.	35	384.2			
	22,5 m	Mittel:		981,384.5 ± 0.66	— 1.79	+ 8.1	— 3.3
	1,9				981,389.65	+ 6.3	— 5.1
V, 17 Gr.-Berkenthin,	53° 44,0′	Wk.	36 b	981,398.3	+ 5.55	981,394.75	981,406.14
Pensionat Prange, Garage	10° 39,1′	Je.	35	398.5	981,404.75	(+ 11.39)	
		Me.	35	401.8 (½)			
	18,0 m	Rö.	35	399.4	— 1.43	+ 10.0	— 1.4
	1,9	Mittel:		981,399.2 ± 0.67	981,403.32	+ 8.6	— 2.8
V, 18 Neuenwalde,	53° 40,8′	Sl.	35	981,380.0	+ 2.41	981,390.13	981,401.54
Schule, Keller in der Lehrerwohnung	8° 41,2′	Me.	34	383.6 (¼)	981,383.01	(+ 11.41)	
		Rö.	35	380.4 (¾)			
	7,8 m	Mittel:		981,380.6 ± 0.81	— 0.62	— 7.1	— 18.5
	1,9				981,382.39	— 7.7	— 19.2

$M_V^2 = \frac{8,0090}{18} = 0,4449;$

$M_V = \pm 0,67$

Pendelmessungen Weiken für das Reichsamt für Landesaufnahme. Jan./Febr. 1936.

Station / Lagebezeichnung	Breite / Länge ö. Gr. / Höhe ü. NN / Dichte	Beob.	Jahr 19..	g (Gewicht) System Potsdam	g_0-g / g_0 / $g_0''-g_0$ / g_0''	γ_0 / $(\gamma_0'-\gamma_0)$ / $g_0-\gamma_0$ / $g_0''-\gamma_0$	γ_0' / / $g_0-\gamma_0'$ / $g_0''-\gamma_0'$
1. Dolle,	52° 24,7′	Wk.	36 a	981,283.2	+ 20.98	981,279.69	981,291.41
Scheune des Bürgermeisters Ahlers, Nr. 13.	11° 37,4′				981,304.18	(+ 11.72)	
Mittl. Teil, Durchfahrt	68,0 m				— 5.42	+ 24.5	+ 12.8
der Scheune	1,9				981,298.76	+ 19.1	+ 7.4
2. Stendal,	52° 36,3′	Wk.	36 a	981,295.0	+ 9.75	981,296.61	981,308.28
Gymnasium, Keller im mittl. Anbau	11° 51,4′				981,304.75	(+ 11.67)	
	31,6 m				— 2.52	+ 8.1	— 3.5
	1,9				981,302.23	+ 5.6	— 6.0
3. Kalbe a. d. Milde,	52° 39,3′	Wk.	36 a	981,301.8	+ 9.26	981,300.99	981,312.65
Gut II (v. Goßler),	11° 24,0′				981,311.06	(+ 11.66)	
Westkeller im großen Wohngebäude	30,0 m				— 2.54	+ 10.1	— 1.6
	2,02				981,308.52	+ 7.5	— 4.1
4. Gardelegen,	52° 31,8′	Wk.	36 a	981,293.2	+ 13.24	981,290.05	981,301.74
Mittelschule, NO-Ecke des Westflügels.	11° 24,2′				981,306.44	(+ 11.69)	
Desinfektionskeller südlich	42,9 m				— 3.42	+ 16.4	+ 4.7
des Kessels	1,9				981,303.02	+ 13.0	+ 1.3

Station Lagebezeichnung	Breite Länge ö. Gr. Höhe ü. NN Dichte	Beob. Jahr 19..	g (Gewicht) System Potsdam	$g_0 - g$ g_0 $g_0'' - g_0$ g_0''	γ_0 $(\gamma_0' - \gamma_0)$ $g_0 - \gamma_0$ $g_0'' - \gamma_0$	γ_0' $g_0 - \gamma_0'$ $g_0'' - \gamma_0'$
5. Wittlingen, früheres Bürgermeister-haus, Waschküche, Südseite	52° 43,9′ 10° 44,4′ 80,8 m 1,94	Wk. 36 a	981,305.3	+ 24.93 981,330.23 — 6.57 981,323.66	981,307.68 (+ 11.64) + 22.6 + 16.0	981,319.32 + 10.9 + 4.3
6. Weyhausen, Gut von Frl. Michaelis, Wagenremise, Auto-garage, NO-Ecke des Stallgebäudes	52° 47,6′ 10° 23,2′ 97,1 m 1,94	Wk. 36 a	981,308.7	+ 29.96 981,338.66 — 7.90 981,330.76	981,313.07 (+ 11.62) + 25.6 + 17.7	981,324.69 + 14.0 + 6.1
7. Eschede, Gasthof Lachmund, Holzraum im Schuppen hinter dem Hause	52° 44,1′ 10° 14,1′ 73,2 m 1,96	Wk. 36 a	981,305.8	+ 22.59 981 328.39 — 6.02 981,322.37	981,307.98 (+ 11.64) + 20.4 + 14.4	981,319.62 + 8.8 + 2.8
8. Celle, Kathol. Schule, Kanonenstr. 7, NO-Keller	52° 37,3′ 10° 4,7′ 38,8 m 1,9	Wk. 36 a	981,304.5	+ 11.97 981,316.47 — 3.09 981,313.38	981,298.07 (+ 11.66) + 18.4 + 15.3	981,309.73 + 6.7 + 3.6
9. Ohof, Scheune vom Bürger-meister Wrede	52° 27,2′ 10° 18,4′ 54,9 m 1,94	Wk. 36 a	981,281.7	+ 16.94 981,298.64 — 4.47 981,294.17	981,283.34 (+ 11.71) + 15.3 + 10.8	981,295.05 + 3.6 — 0.9
10. Parsau, Landwirt Gromke, große Scheune a. d. Str., 37 m südöstl. v. Kirch-turm	52° 32,2′ 10° 53,6′ 61,1 m 1,9	Wk. 36 a	981,306.5	+ 18.86 981,325.36 — 4.87 981,320.49	981,290.63 (+ 11.69) + 34.7 + 29.9	981,302.32 + 23.0 + 18.2
11. Weferlingen, Aufbauschule, Turn-halle, Keller	52° 19,2′ 11° 3,6′ 90,6 m 2,36	Wk. 36 a	981,301.0	+ 27.96 981,328.96 — 8.96 981,320.00	981,271.66 (+ 11.74) + 57.3 + 48.3	981,283.40 + 45.6 + 36.6
12. Behnsdorf, Bürgermeister Müller, Rübenkeller i. d. Scheune	52° 19,0′ 11° 9,0′ 132,2 m 2,35	Wk. 36 a	981,296.7	+ 40.80 981,337.50 — 13.03 981,324.47	981,271.37 (+ 11.74) + 66.1 + 53.1	981,283.11 + 54.4 + 41.4
13. Flechtingen, Schloß Baron v. Schenk, Wagenremise in der SO-Ecke des Schloßhofes	52° 19,9′ 11° 14,4′ 99,4 m 2,6	Wk. 36 a	981,303.8	+ 30.67 981,334.47 — 10.84 981,323.63	981,272.68 (+ 11.74) + 61.8 + 51.0	981,284.42 + 50.0 + 39.2
14. Eichenbarleben, Zichoriefabrik, Keller im Verwaltungsgebäude	52° 10,0′ 11° 24,2′ 114,1 m 2,2	Wk. 36 a	981,291.1	+ 35.21 981,326.31 — 10.52 981,315.79	981,258.20 (+ 11.78) + 68.1 + 57.6	981,269.98 + 56.3 + 45.8

Zusammenstellung von Pendelmessungen für das Reichsamt für Landesaufnahme.

Beobachter: Sl. = Schmehl (1935)
Wk. = Weiken (1936)

g_P = 981,274.0

Lfd. Nr.	Station	Beobachter			Höhe üb. NN. m	$g - g_P$ in mgal
1.	Magdeburg-Neustadt (Schützenhaus)	Sl. Wk.	52° 09.9′	11° 38.7′	45.6	+ 21.7
2.	Eichenbarleben	Sl. Wk.	10.0′	11° 24.2′	114.1	+ 16.9
3.	Erxleben	Sl.	13.2′	11° 14.5′	135.0	+ 22.1
4.	Helmstedt	Sl.	13.7′	11° 00.5′	137.5	— 5.4
5.	Bornum	Sl.	15.7′	10° 45.4′	125.6	— 18.3
6.	Braunschweig	Sl.	16.5′	10° 31.7′	70.7	— 9.7
7.	Behnsdorf	Wk.	19.0′	11° 09.0′	132.2	+ 22.7
8.	Weferlingen	Wk.	19.2′	11° 03.6′	90.6	+ 27.0
9.	Flechtingen	Wk.	19.9′	11° 14.4′	99.4	+ 29.8
10.	Dolle	Wk.	24.7′	11° 37.4′	68.0	+ 9.2
11.	Ohof	Wk.	27.2′	10° 18.4′	54.9	+ 7.7
12.	Gardelegen	Wk.	31.8′	11° 24.2′	42.9	+ 19.2
13.	Parsau	Wk.	32.2′	10° 53.6′	61.1	+ 32.5
14.	Stendal	Wk.	36.3′	11° 51.4′	31.6	+ 21.0
15.	Celle	Wk.	37.3′	10° 04.7′	38.8	+ 30.5
16.	Kalbe a. d. Milde	Wk.	39.3′	11° 24.0′	30.0	+ 27.8
17.	Wittlingen	Wk.	43.9′	10° 44.4′	80.8	+ 31.3
18.	Eschede	Wk.	44.1′	10° 14.1′	73.2	+ 31.8
19.	Weyhausen	Wk.	47.6′	10° 23.2′	97.1	+ 34.7

Meßgebiet VI

Station Lagebezeichnung	Breite Länge ö. Gr. Höhe ü. NN Dichte	Beob. Jahr 19..	g (Gewicht) System Potsdam	$g_0 - g$ g_0 $g_0'' - g_0$ g_0''	γ_0 $(\gamma_0' - \gamma_0)$ $g_0 - \gamma_0$ $g_0'' - \gamma_0$	γ_0' $g_0 - \gamma_0'$ $g_0'' - \gamma_0'$
VI, 1 **Schwiebus** (Swiebodzin), Mädchenschule im Stadtpark, SO-Keller	52° 15,1′ 15° 32,3′ 77,2 m 1,9	Wk. 36 b Wk. 36 b Jg. 36 b Wk. 43 Rd. 43 Mittel:	981,271.7 (1) 271.4 (3) 270.6 (3) 273.0 (4) 271.3 (4) 272.0 (4) 271.7 (3) 981,271.7 ± 0.30	+ 23.82 981,295.52 — 6.15 981,289.37	981,265.67 (+ 11.76) + 29.8 + 23.7	981 277.43 + 18.1 + 11.9
VI, 2 **Küstrin a. d. O.** (Kostrzyn), Schloßkaserne (Altstadt), Keller im SW-Turm	52° 34,8′ 14° 38,2′ 14,4 m 1,9	Wk. 36 b Wk. 36 b Jg. 36 b Mittel:	981,300.7 (2) 300.4 (3) 299.5 (2) 981,300.2 ± 0.34	+ 4.44 981,304.64 — 1.15 981,303.49	981,294.43 (+ 11.68) + 10.2 + 9.1	981,306.11 — 1.5 — 2.6
VI, 3 **Schloppe** (Czlopa), Schule in der Bahnhofstraße, Baderaum NO-Ecke	53° 5,4′ 16° 7,5′ 74,4 m 1,9	Wk. 36 b Wk. 36 b Jg. 36 b Wk. 38 Wk. 38 Jg. 38 Jg. 38 Le. 38 Le. 38 Rd. 40 Wk. 40 Mittel:	981,308.8 (2) 308.1 (3) 309.0 (2) 307.6 (5) 307.8 (6) 307.2 (7) 309.0 (5) 308.3 (6) 308.2 (6) 308.4 308.1 981,308.1 ± 0.16	+ 22.96 981,331.06 — 5.93 981,325.13	981,338.93 (+ 11.55) — 7.9 — 13.8	981,350.48 — 19.4 — 25.4
VI, 4 **Stargard,** Städt. Krankenhaus, Bergstraße, Ostkeller u. d. Küche (Neubau)	53° 20,7′ 15° 2,4′ 30,9 m 1,9	Wk. 36 b Wk. 36 b Jg. 36 b Mittel:	981,353.6 (2) 353.9 (3) 353.8 (2) 981,353.8 ± 0.09	+ 9.54 981,363.34 — 2.46 981,360.88	981,361.10 (+ 11.49) + 2.2 — 0.2	981,372.59 — 9.2 — 11.7
VI, 5 **Schlochau** (Czluchow), Wasserturm	53° 39,9′ 17° 21,3′ 176,0 m 1,95	Wk. 36 b Jg. 36 a Jg. 36 b Mittel:	981,329.7 (2) 328.8 (2) 329.7 (4) 981,329.5 ± 0.28	+ 54.31 981,383.81 — 14.39 981,369.42	981,388.84 (+ 11.41) — 5.0 — 19.4	981,400.25 — 16.4 — 30.8
VI, 6 **Bärwalde** (Barwice), Bierkeller Mann, gegenüber Schirlitzstraße 21	53° 44,7′ 16° 21,3′ 114,4 m 1,9	Wk. 36 b Wk. 36 b Jg. 36 a Jg. 36 a Mittel:	981,372.5 (3) 373.6 (2) 374.8 (3) 373.5 (2) 981,373.6 ± 0.52	+ 35.30 981,408.90 — 9.11 981,399.79	981,395.77 (+ 11.39) + 13.1 + 4.0	981 407.16 + 1.7 — 7.4
VI, 7 **Bad Polzin** (Polczyn), Garagen am Luisenbad (2,5 km SSW der Stadt)	53° 44,8′ 16° 4,8′ 105,7 m 1,9	Wk. 36 b Wk. 36 b Wk. 36 b Wk. 36 b Jg. 36 a Jg. 36 b Jg. 36 b Jg. 36 b Mittel:	981,388.6 (3) 389.4 (3) 388.6 (3) 387.3 (3) 388.6 (4) 388.4 (4) 388.6 (4) 388.1 (4) 981,388.4 ± 0.20	+ 32.62 981,421.02 — 8.42 981,412.60	981,395.90 (+ 11.39) + 25.1 + 16.7	981,407.29 + 13.7 + 5.3
VI, 8 **Greifenberg** (Gryfice), Otto's Höhe, Keller der Stadtgärtnerei Völz	53° 54,8′ 15° 12,6′ 27,5 m 1,9	Wk. 36 b Jg. 36 a Jg. 36 b Mittel:	981,428.0 (1) 429.2 (2) 429.9 (3) 981,429.3 ± 0.48	+ 8.49 981,437.79 — 2.19 981,435.60	981,410.29 (+ 11.35) + 27.5 + 25.3	981,421.64 + 16.2 + 14.0

Station Lagebezeichnung	Breite Länge ö. Gr. Höhe ü. NN Dichte	Beob. Jahr 19..	g (Gewicht) System Potsdam	$g_0 - g$ g_0 $g_0'' - g_0$ g_0''	γ_0 $(\gamma_0' - \gamma_0)$ $g_0 - \gamma_0$ $g_0'' - \gamma_0$	γ_0' $g_0 - \gamma_0'$ $g_0'' - \gamma_0'$
VI, 9 **Schlawe** (Slawno),	54° 21,8′	Wk. 36 b	981,455.4 (2)	+ 6.51	981,449.04	981,460.28
Spritzenhaus	16° 41,0′	Jg. 36 a	453.6 (2)	981,460.91	(+ 11.24)	
		Jg. 36 b	454.3 (4)			
	21,1 m	Mittel:	981,454.4 ± 0.46	— 1.68	+ 11.9	+ 0.6
	1,9			981,459.23	+ 10.2	— 1.0
VI, 10 **Lauenburg** (Lebork),	54° 31,8′	Wk. 36 b	981,463.1 (1)	+ 7.25	981,463.33	981,474.53
Marienburger Str. 15a	17° 45,5′	Jg. 36 a	465.4 (2)	981,471.55	(+ 11.20)	
(Waschküche)		Jg. 36 b	464.1 (4)			
	23,5 m	Mittel:	981,464.3 ± 0.54	— 1.87	+ 8.2	— 3.0
	1,9			981,469.68	+ 6.4	— 4.8
		$M_{VI}^2 = \frac{1,3617}{10} = 0,1362$;				
		$M_{VI} = \pm 0.37$				

Eichstrecke im Harz

Station Lagebezeichnung	Breite Länge ö. Gr. Höhe ü. NN Dichte	Beob. Jahr 19..	g (Gewicht) System Potsdam	$g_0 - g$ g_0 $g_0'' - g_0$ g_0''	γ_0 $(\gamma_0' - \gamma_0)$ $g_0 - \gamma_0$ $g_0'' - \gamma_0$	γ_0' $g_0 - \gamma_0'$ $g_0'' - \gamma_0'$
1. **Torfhaus,**	51° 48,0′	Wk. 37 a	981,094.4 (4)	+ 244.66	981,225.96	981,237.83
Zwölfer Hütte, ca. 300 m östlich vom Forsthaus	10° 32,6′	Wk. 37 a	095.8 (5)	981,339.46	(+ 11.87)	
	792,8 m	Wk. 37 a	094.8 (5)	— 86.43	+ 113.5	+ 1.6
	2,60	Jg. 37 a	093.1 (3)	981,253.03	+ 27.1	+ 15.2
		Jg. 37 a	094.9 (4)			
		Jg. 37 a	093.8 (3)			
		Wk. 37 b	095.6 (5)			
		Wk. 37 b	094.1 (5)			
		Jg. 37 b	095.0 (4)			
		Jg. 37 b	095.3 (5)			
		Mittel:	981,094.8 ± 0.25			
2. **Harzburg,**	51° 51,9′	Wk. 37 a	981,180.1 (4)	+ 84.93	981,233.14	981,244.99
Ev. Gemeindehaus, Kirchstr. 6, Keller hinter Keller-Küche	10° 34,0′	Wk. 37 a	180.3 (4)	981,265.33	(+ 11.85)	
	275,2 m	Wk. 37 a	180.6 (5)	— 27.58	+ 32.2	+ 20.3
	2,39	Wk. 37 a	181.4 (5)	981,237.75	+ 4.6	— 7.2
		Wk. 37 a	180.4 (5)			
		Wk. 37 a	179.9 (6)			
		Jg. 37 a	180.2 (3)			
		Jg. 37 a	181.2 (4)			
		Jg. 37 a	180.0 (4)			
		Jg. 37 a	180.0 (4)			
		Jg. 37 a	181.0 (4)			
		Jg. 37 a	181.2 (4)			
		Wk. 37 b	180.0 (5)			
		Wk. 37 b	181.6 (4)			
		Jg. 37 b	181.4 (3)			
		Jg. 37 b	180.5 (5)			
		Wk. 38	180.1 (6)			
		Jg. 38	178.9 (5)			
		Wk. 42	{ 180.0 (3) 180.4 (6)			
		Wk. 42	{ 179.8 (3) 179.6 (3) 179.3 (5)			
		Rd. 42	180.5 (6)			
		Rd. 42	{ 180.5 (5) 180.6 (6)			
		Mittel:	981,180.4 ± 0.13			

Eichwert: $g_{\text{Harzburg}} - g_{\text{Torfhaus}} = 85.6 \pm 0.28$ mgal

$$M_{\text{Harz}}^2 = \frac{0,0794}{2} = 0.0397; \quad M_{\text{Harz}} = \pm 0.20$$

Meßgebiet VII

Station Lagebezeichnung	Breite Länge ö. Gr. Höhe ü. NN Dichte	Beob. Jahr 19..	g (Gewicht) System Potsdam	$g_0 - g$ g_0 $g_0'' - g_0$ g_0''	γ_0 $(\gamma_0' - \gamma_0)$ $g_0 - \gamma_0$ $g_0'' - \gamma_0$	γ_0' $g_0 - \gamma_0'$ $g_0'' - \gamma_0'$
VII, 1 Witlich,	49° 59,0′	Wk. 37 b	981,043.5 (5)	+ 49.90	981 064.86	981,077.16
Kreiskrankenhaus,	6° 53,0′	Jg. 37 b	043.3 (6)	981,093.60	(+ 12.30)	
Hindenburgstraße,		Rd. 42	044.3 (5)			
Obstkeller an der	161,7 m	Mittel:	981,043.7 ± 0.30	— 15.59	+ 28.7	+ 16.4
NW-Seite	2,30			981,078.01	+ 13.2	+ 0.8
VII, 2 Euskirchen,	50° 39,8′	Wk. 37	981,102.5 (5)	+ 50.52	981,125.40	981,137.54
Westschule an der	6° 47,0′	Jg. 37	102.4 (5)	981,152.92	(+ 12.14)	
Weststraße, Keller in		Mittel:	981,102.4 ± 0.07			
der O-Ecke d. Hauses	163,7 m			— 15.44	+ 27.5	+ 15.4
	2,25			981,137.48	+ 12.1	— 0.1
VII, 3 Weidenau/Sieg,	50° 53,6′	Wk. 37 a	981,121.4 (3)	+ 74.71	981,145.82	981,157.91
Wilhelm-Augusta-	8° 1,5′	Wk. 37 a	120.1 (5)	981,195.01	+ 12.09)	
Schule, Lindenstraße		Jg. 37 a	121.2 (3)			
(Brauseraum)	242,1 m	Jg. 37 a	120.8 (3)	— 26.39	+ 49.2	+ 37.1
	2,60	Jg. 37 b	120.3 (5)	981,168.62	+ 22.8	+ 10.7
		Jg. 37 b	119.6 (6)			
		Wk. 37 b	121.3 (6)			
		Wk. 37 b	119.9 (6)			
		Wk. 42	{ 119.1 (5) { 120.1 (5)			
		Rd. 42	120.3 (5)			
		Mittel:	981,120.3 ± 0.22			
VII, 4 Bad Wildungen,	51° 7,0′	Wk. 37 a	981,134.3 (4)	+ 73.85	981,165.61	981,177.64
Jugendheim, Helen.-	9′ 7,2′	Jg. 37 a	134.7 (4)	981,208.35	(+ 12.03)	
quellenweg 3 a, Fahr-		Mittel:	981,134.5 ± 0.20			
radkeller an der N-	239,3 m			— 26.09	+ 42.7	+ 30.7
Seite	2,60			981,182.26	+ 16.6	+ 4.6
VII, 5 M.-Gladbach,	51° 12,4′	Wk. 37 b	981,179.5 (6)	+ 13.33	981,173.57	981,185.58
Zeppelinschule	6° 28,4′	Jg. 37 b	178.7 (5)	981,192.43	(+ 12.01)	
i. Lump,		Mittel:	981,179.1 ± 0.40			
Zeppelinstr. 175	43,2 m			— 3.89	+ 18.9	+ 6.8
NO-Keller	2,15			981,188.54	+ 15.0	+ 3.0
VII, 6 Iserlohn,	51° 22,8′	Wk. 37 a	981,163.8 (4)	+ 75.39	981,188.90	981,200.87
Städt. Frauenober-	7° 41,9′	Jg. 37 a	163.6 (4)	981,239.09	(+ 11.97)	
schule, Bellevue 1		Mittel:	981,163.7 ± 0.10			
(Stennerstraße),	244,3 m			— 26.63	+ 50.2	+ 38.2
S-Keller	2,60			981,212.46	+ 23.6	+ 11.6
VII, 7 Paderborn,	51° 42,7′	Wk. 37 a	981,201.8 (4)	+ 45.67	981,218.17	981,230.06
Brüderkrankenhaus,	8° 45,6′	Jg. 37 a	202.4 (1)	981,247.77	(+ 11.89)	
SO-Keller		Mittel:	981,202.1 ± 0.30			
	148,0 m			— 15.20	+ 29.6	+ 17.7
	2,45			981,232.57	+ 14.4	+ 2.5

$$M^2_{VII} = \frac{0{,}4433}{7} = 0{,}0633;$$

$$M_{VII} = \pm 0.25$$

Meßgebiet VIII

Station Lagebezeichnung	Breite Länge ö. Gr. Höhe ü. NN Dichte	Beob. Jahr 19..	g (Gewicht) System Potsdam	$g_0 - g$ g_0 $g_0'' - g_0$ g_0''	γ_0 $(\gamma_0' - \gamma_0)$ $g_0 - \gamma_0$ $g_0'' - \gamma_0$	γ_0' $g_0 - \gamma_0'$ $g_0'' - \gamma_0'$
VIII, 1 **Tuttlingen,**	47° 58,8′	Wk. 37 a	980,729.4 (5)	+ 200.84	980,885.20	980,897.98
Fabrik Huber & Link	8° 49,1′	Jg. 37 a	729.8 (3)	980,930.44	(+ 12.78)	
Wilhelm-(Ecke Tal-) straße (Brauseraum)	650,8 m	Mittel:	980,729.6 ± 0.20	— 67.13	+ 45.2	+ 32.5
	2,46			980,863.31	— 21.9	— 34.7
VIII, 2 **Memmingen,**	47° 59,1′	Wk. 37 a	980,700.6 (6)	+ 185.01	980,885.65	980,898.42
Bismarckschule,	10° 10,7′	Jg. 37 a	701.3 (4)	980,885.91	(+ 12.77)	
Bismarckstraße 1, Keller im SW-Treppenhaus	599,5 m	Mittel:	980,700.9 ± 0.34	— 57.82	+ 0.3	— 12.5
	2,3			980,828.09	— 57.6	— 70.3
VIII, 3 **Freiburg i. Br.,**	48° 0,2′	Wk. 37 a	980,842.0 (5)	+ 81.28	980,887.30	980,900.07
Friedrichgymnas.,	7° 51,6′	Jg. 37 a	841.0 (4)	980,923.18	(+ 12.77)	
S-Keller im mittl. Treppenhaus	263,4 m	Wk. 42	{ 841.7 (4) { 842.0 (6)	— 27.94	+ 35.9	+ 23.1
	2,53	Rd. 42	842.3 (9)	980,895.24	+ 7.9	— 4.8
		Mittel:	980,841.9 ± 0.21			
VIII, 4 **Ludwigsburg,**	48° 54,1′	Wk. 37 a	980,912.8 (5)	+ 82.98	980,968.07	980,980.63
Schloß, NW-Keller	9° 11,8′	Jg. 37 a	913.2 (4)	980,995.98	(+ 12.56)	
	268,9 m	Mittel:	980,913.0 ± 0.20	— 27.96	+ 27.9	+ 15.4
	2,48			980,968.02	± 0.0	— 12.6
VIII, 5 **Karlsruhe,**	49° 0,8′	Wk. 37 a	980,957.0 (5)	+ 34.62	980,978.08	980,990.62
Kameradschafts-haus am Fasanen-gartenschlößchen,	8° 24,8′	Wk. 37 a	957.7 (5)	980,991.72	(+ 12.54)	
Schloßbezirk 13,	112,2 m	Wk. 37 a	957.0 (4)	— 9.41	+ 13.6	+ 1.1
Keller im SW-Flügel	2,00	Wk. 37 a	957.0 (5)	980,982.31	+ 4.2	— 8.3
		Jg. 37 a	956.4 (4)			
		Jg. 37 a	957.2 (4)			
		Jg. 37 a	957.2 (4)			
		Jg. 37 a	957.8 (4)			
		Jg. 37 b	957.4 (6)			
		Wk. 37 b	956.6 (6)			
		Wk. 42	{ 957.9 (3) { 956.9 (5)			
		Wk. 42	{ 956.7 (3) { 956.8 (5)			
		Wk. 42	{ 957.3 (2) { 957.4 (6)			
		Rd. 42	{ 957.9 (6) { 957.2 (3)			
		Rd. 42	956.9 (6)			
		Rd. 42	{ 956.8 (6) { 956.7 (4)			
		Mittel:	980,957.1 ± 0.09			
VIII, 6 **Homburg** (Saarpfalz),	49° 18,3′	Wk. 37 a	980,963.1 (5)	+ 83.26	981,004.22	981,016.69
Landeskrankenhaus,	7° 20,6′	Jg. 37 a	962.7 (4)	981,046.66	(+ 12.47)	
Geb.-Nr. 34, Keller in der SW-Ecke	269,8 m	Wk. 42	{ 964.6 (3) { 963.6 (4)	— 26.02	+ 42.4	+ 30.0
	2,3	Mittel:	980,963.4 ± 0.38	981,020.64	+ 16.4	+ 4.0
VIII, 7 **Würzburg,**	49° 47,4′	Wk. 37 a	981,012.5 (5)	+ 82.03	981,047.60	981,059.95
Festung Marienburg,	9° 55,4′	Jg. 37 a	012.1 (4)	981,094.33	(+ 12.35)	
Hexenstall südl. v. Echtertor, SO-Ecke	265,8 m	Mittel:	981,012.3 ± 0.20	— 27.64	+ 46.7	+ 34.4
	2,48			981,066.69	+ 19.1	+ 6.7

Station Lagebezeichnung	Breite Länge ö. Gr. Höhe ü. NN Dichte	Beob. Jahr 19..	g (Gewicht) System Potsdam	$g_0 - g$ g_0 $g_0'' - g_0$ g_0''	γ_0 $(\gamma_0' - \gamma_0)$ $g_0 - \gamma_0$ $g_0'' - \gamma_0$	γ_0' $g_0 - \gamma_0'$ $g_0'' - \gamma_0'$
VIII, 8 Darmstadt, Kapelle am Prinz-Emil-Schlößchen, Heidelberger Str.	49° 51,7′ 8° 39,1′ 150,9 m 2,60	Wk. 37 a Jg. 37 a Rd. 42	981,043.7 (5) 043.3 (4) 044.6 (8)	+ 46.57 981,090.57 — 16.45 981,074.12	981,054.00 (+ 12.34) + 36.6 + 20.1	981,066.34 + 24.2 + 7.8
		Mittel:	981,044.0 ± 0.39			
		$M^2_{VIII} = \frac{0,5843}{8} = 0,0730;$ $M_{VIII} = \pm 0,27$				

Meßgebiet IX

Eichstrecke Zugspitze

Station Lagebezeichnung	Breite Länge ö. Gr. Höhe ü. NN Dichte	Beob. Jahr 19..	g (Gewicht) System Potsdam	$g_0 - g$ g_0 $g_0'' - g_0$ g_0''	γ_0 $(\gamma_0' - \gamma_0)$ $g_0 - \gamma_0$ $g_0'' - \gamma_0$	γ_0' $g_0 - \gamma_0'$ $g_0'' - \gamma_0'$
IX, 1 Zugspitze, Meteorologischer Turm, im SO-Eingang	47° 25,3′ 10° 59,2′ 2955,4 m 2,55	Wk. 37 a Jg. 37 a Rd., We. 38	980,071.2 (8) 070.0 (4) 070.8 (4)	+ 912.04 980,982.84 — 315.99 980,666.85	980,834.87 (+ 12.91) + 148.0 — 168.0	980,847.78 + 135.1 — 180.9
		Mittel:	980,070.8 ± 0.35			
IX, 2 Garmisch, Knabenschule in der Höllentalstraße, SW-Keller	47° 29,5′ 11° 5,4′ 699,2 m 2,55	Wk. 37 a Wk. 37 a Jg. 37 a Jg. 37 a Rd.-We. 38 Rd.-We. 38	980,600.5 (8) 601.0 (5) 600.7 (5) 602.5 (3) 599.8 (3) 602.2 (3)	+ 215.77 980,816.77 — 74.76 980,742.01	980,841.18 (+ 12.89) — 24.4 — 99.2	980,854.07 — 37.3 — 112.1
		Mittel:	980,601.0 ± 0.36			

Eichwert: $g_{Garmisch} - g_{Zugspitze} = 530.2 \pm 0.51$ mgal

Auf IX, 1 und IX, 2 wurde 1938 mit dem für das Militärgeographische Institut von Kolumbien hergestellten Vierpendelhaubenapparat der Askania-Werke durch Dr. Reichenéder (Geod. Institut) und Dr. Werner (Askania-Werke) beobachtet. Die Ergebnisse sind unter Rd.-We. 38 oben mit angegeben.

Meßgebiet IX

Station Lagebezeichnung	Breite Länge ö. Gr. Höhe ü. NN Dichte	Beob. Jahr 19..	g (Gewicht) System Potsdam	$g_0 - g$ g_0 $g_0'' - g_0$ g_0''	γ_0 $(\gamma_0' - \gamma_0)$ $g_0 - \gamma_0$ $g_0'' - \gamma_0$	γ_0' $g_0 - \gamma_0'$ $g_0'' - \gamma_0'$
IX, 3 Traunstein, Erzbischöfl. Seminar, Kard.-Faulhaber-Str., kl. Vorratsraum unter der Kirche	47° 51,9′ 12° 38,1′ 614,5 m 2,3	Wk. 37 a Jg. 37 a Mittel:	980,662.9 (5) 664.5 (4) 980,663.6 ± 0.79	+ 189.63 980,853.23 — 59.26 980,793.97	980,874.84 (+ 12.80) — 21.6 — 80.9	980,887.64 — 34.4 — 93.7
IX, 4 München (Nymphenburg), Landesamt f. Maß u. Gewicht, Wassermeßraum	48° 10,0′ 11° 30,2′ 511,0 m 2,3	Wk. 37 a Wk. 37 a Jg. 37 a Jg. 37 a Mittel:	980,743.5 (5) 743.4 (4) 743.1 (3) 742.5 (5) 980,743.1 ± 0.24	+ 157.69 980,900.79 — 49.28 980,851.51	980,902.01 (+ 12.73) — 1.2 — 50.5	980,914.74 — 14.0 — 63.2
IX, 5 Passau-Kohlbruck, Sanatorium 5 km südwestl. von Passau, Kesselraum f. Frischwasser	48° 33,1′ 13° 24,9′ 420,2 m 2,66	Wk. 37 a Jg. 37 a Mittel:	980,823.7 (5) 824.0 (4) 980,823.8 ± 0.15	+ 129.67 980,953.47 — 46.86 980,906.61	980,936.63 (+ 12.64) + 16.8 — 30.0	980,949.27 + 4.2 — 42.7
IX, 6 Donauwörth, Städt. Wohnhaus, Sallingerstr. 275 a, Waschküche	48° 43,5′ 10° 46,7′ 414,4 m 2,46	Wk. 37 b Jg. 37 b Mittel:	980,851.7 (5) 851.2 (4) 980,851.5 ± 0.25	+ 127.88 980,979.38 — 42.75 980,936.63	980,952.20 (+ 12.60) + 27.2 — 15.6	980,964.80 + 14.6 — 28.2
IX, 7 Regensburg, Mädchenschule Steinweg, Dreifaltigkeitsbergweg 8, Keller im Nordflügel	49° 1,9′ 12° 5,9′ 340,7 m 2,53	Wk. 37 a Wk. 37 a Jg. 37 a Jg. 37 a Wk. 37 b Wk. 37 b Jg. 37 b Jg. 37 b Le. 39 Rd. 39 Rd. 39 Wk. 40 a Wk. 40 a Wk. 40 a Wk. 42 Rd. 42 Mittel:	980,884.4 (5) 884.2 (5) 887.0 (2) 884.8 (5) 884.8 (5) 883.5 (5) 884.8 (7) 883.8 (4) 885.8 (6) 884.9 (7) { 885.2 (5) { 885.5 (8) 884.6 (6) 886.0 (8) 885.4 (8) { 885.5 (4) { 885.3 (6) { 883.8 (5) { 884.8 (6) 980,885.0 ± 0.17	+ 105.14 980,990.14 — 36.14 980,954.00	980,979.73 (+ 12.53) + 10.4 — 25.7	980,992.26 — 2.1 — 38.3
IX, 8 Nürnberg, Sternwarte, Keller	49° 27,9′ 11° 6,8′ 335,4 m 2,44	Wk. 37 b Jg. 37 b Wk. 42 Mittel:	980,933.5 (4) 935.5 (4) { 932.9 (4) { 935.0 (5) 980,934.3 ± 0.60	+ 103.50 981,037.80 — 34.31 981,003.49	981,018.54 (+ 12.43) + 19.3 — 15.0	981,030.97 + 6.8 — 27.5
IX, 9 Marktredwitz, Städt. Krankenhaus, Isolierstube	50° 0,3′ 12° 3,8′ 552,7 m 2,65	Wk. 37 b Jg. 37 b Wk. 43 Rd. 43 Mittel:	980,957.8 (5) 956.8 (4) { 956.3 (5) { 957.6 (7) { 957.2 (4) { 956.2 (5) 980,957.0 ± 0.28	+ 170.56 981,127.56 — 61.41 981,066.15	981,066.79 (+ 12.30) + 60.8 — 0.6	981,079.09 + 48.5 — 12.9

$$M_{IX}^2 = \frac{1,4861}{9} = 0,1651;$$

$$M_{IX} = \pm 0.41$$

Meßgebiet X

Station Lagebezeichnung	Breite Länge ö. Gr. Höhe ü. NN Dichte	Beob. Jahr 19..	g (Gewicht) System Potsdam	$g_0 - g$ g_0 $g_0'' - g_0$ g_0''	γ_0 $(\gamma_0' - \gamma_0)$ $g_0 - \gamma_0$ $g_0'' - \gamma_0$	γ_0' $g_0 - \gamma_0'$ $g_0'' - \gamma_0'$
X, 1 **Ratibor** (Raciborz), Landeswarte (nahe Mater-Dei-Kirche), NO-Ecke des Seismographen-Kellers	50° 5′0 18° 11,7′ 208,8 m 2,10	Wk. 38 Jg. 38 Wk. 43 Rd. 43 	981,043.6 (6) 045.1 (5) { 045.1 (2) 045.7 (4) { 045.5 (4) 044.8 (4)	+ 64.44 981,109.24 — 18.38 981,090.86	981,073.78 (+ 12.28) + 35.5 + 17.1	981,086.06 + 23.2 + 4.8
		Mittel:	981,044.8 ± 0.34			
X, 2 **Chemnitz,** Städt. Kinderkrankenhaus am Zeisigwald, Dresdener Str., Keller im Nordflügel	50° 51,1′ 12° 57,4′ 336,8 m 2,35	Jg. 38 Le. 38 Wk. 43 Rd. 43 	981,083.7 (5) 082.0 (6) { 083.6 (5) 082.2 (4) { 084.6 (5) 083.6 (4)	+ 103.94 981,187.24 — 33.18 981,154.06	981,142.12 (+ 12.10) + 45.1 + 11.9	981,154.22 + 33.0 — 0.2
		Mittel:	981,083.3 ± 0.42			
X, 3 **Rosenberg** (Olesno), Städt. Familienhaus, Walzener Weg 4, Waschküche	50° 52,4′ 18° 25,2′ 237,4 m 2,30	Wk. 38 Jg. 38 Wk. 40 b Rd. 40 Wk. 43 Rd. 43 	981,116.9 (6) 116.6 (5) 119.0 (2) 116.2 (4) { 115.9 (3) 117.1 (3) { 117.0 (4) 117.9 (3)	+ 73.26 981,190.16 — 22,89 981,167.27	981,144.04 (+ 12.09) + 46.1 + 23.2	981,156.13 + 34.0 + 11.1
		Mittel:	981,116.9 ± 0.29			
X, 4 **Hirschberg** (Jelenia Gora), Städt. Wilhelm-Wander-Schule, Schützenstraße, Ankleideraum vor Baderaum	50° 54,1′ 15° 44,5′ 341,1 m 2,64	Wk. 38 Wk. 38 Wk. 38 Jg. 38 Jg. 38 Jg. 38 Le. 38 Wk. 43 Rd. 43 	981,056.8 (7) 056.9 (6) 057.7 (6) 058.0 (5) 058.0 (5) 056.2 (7) 058.0 (6) { 057.2 (2) 055.8 (5) { 057.5 (5) 054.2 (2)	+ 105.26 981,162.36 — 37.76 981,124.60	981,146.55 (+ 12.08) + 15.8 — 22.0	981,158.63 + 3.7 — 34.0
		Mittel:	981,057.1 ± 0.29			
X, 5 **Breslau** (Wroclaw), Univ.-Sternwarte, Finkenweg, Waschküche im Wohnhaus des Institutsmechanikers	51° 6,7 17° 5,3′ 115,8 m 2,05	Wk. 38 Jg. 38	981,158.8 (6) 157.2 (6)	+ 35.74 981,193.74 — 9.95 981,183.79	981,165.17 (+ 12.03) + 28.6 + 18.6	981,177.20 + 16.5 + 6.6
		Mittel:	981,158.0 ± 0.80			
X, 6 **Bautzen,** Oberrealschule, Schiller-Anlagen, 2. Garderobe	51° 10,6′ 14° 25,6′ 210,8 m 2,65	Jg. 38 Le. 38	981,160.6 (5) 160.1 (6)	+ 65.05 981,225.35 — 23.42 981,201.93	981,170.92 (+ 12.02) + 54.4 + 31.0	981,182.94 + 42.4 + 19.0
		Mittel:	981,160.3 ± 0.25			
X, 7 **Torgau,** Gymnasium, Ostflügel, Kellerraum 3	51° 33,5′ 13° 0,5′ 87,9 m 2,55	Jg. 38 Le. 38	981,209.0 (5) 208.5 (6)	+ 27.13 981,235.83 — 9.40 981,226.43	981,204.66 (+ 11.93) + 31.2 + 21.8	981,216.59 + 19.2 + 9.8
		Mittel:	981,208.7 ± 0.25			
X, 8 **Glogau** (Glogów), Feierabendhaus, Keller	51° 39,3′ 16° 5,1′ 95,0 m 2,1	Jg. 38 Le. 38	981,222.0 (5) 222.2 (6)	+ 29.32 981,251.42 — 8.36 981,243.06	981,213.18 (+ 11.90) + 38.2 + 29.9	981,225.08 + 26.3 + 18.0
		Mittel:	981,222.1 ± 0.10			

Station Lagebezeichnung	Breite Länge ö. Gr. Höhe ü. NN Dichte	Beob. Jahr 19..	g (Gewicht) System Potsdam	$g_0 - g$ g_0 $g_0'' - g_0$ g_0''	γ_0 $(\gamma_0' - \gamma_0)$ $g_0 - \gamma_0$ $g_0'' - \gamma_0$	γ_0' $g_0 - \gamma_0'$ $g_0'' - \gamma_0'$
X, 9 Cottbus, Kaserne in der Branitzer-Siedlung	51° 45,4′ 14° 22,1′ 72,1 m 1,97	Jg. 38 Le. 38 Mittel:	981,224.1 (5) 222.8 (5) 981,223.4 ± 0.65	+ 22.25 981,245.65 — 5.96 981,239.69	981,222.14 (+ 11.88) + 23.5 + 17.6	981,234.20 + 11.6 + 5.7
X, 10 Luckenwalde, Friedrichsschule am Stadtpark, Papierkeller in der Mitte des NO-Flügels	52° 5,2′ 13° 10,6′ 48,7 m 1,92	Jg. 38 Le. 38 Mittel:	981,264.5 (6) 265.8 (6) 981,265.2 ± 0.65	+ 15.03 981,280.23 — 3.92 981,276.31	981,251.18 (+ 11.80) + 29.0 + 25.1	981,262.98 + 17.2 + 13.3

$$M_X^2 = \frac{2{,}0802}{10} = 0{,}2080; \quad M_X = \pm 0.46$$

Meßgebiet XI

Station Lagebezeichnung	Breite Länge ö. Gr. Höhe ü. NN Dichte	Beob. Jahr 19..	g (Gewicht) System Potsdam	$g_0 - g$ g_0 $g_0'' - g_0$ g_0''	γ_0 $(\gamma_0' - \gamma_0)$ $g_0 - \gamma_0$ $g_0'' - \gamma_0$	γ_0' $g_0 - \gamma_0'$ $g_0'' - \gamma_0'$
XI, 1 Ortelsburg (Szczytno), Wasserturm auf dem Hofe der Volksschule	53° 34,0′ 20° 59,5′ 145,3 m 1,93	Wk. 38 Jg. 38 Le. 38 Mittel:	981,376.0 (4) 374.5 (6) 376.4 (6) 981,375.6 ± 0.61	+ 44.84 981,420.44 — 11.76 981,408.68	981,380.32 (+ 11.43) + 40.1 + 28.4	981,391.75 + 28.7 + 16.9
XI, 2 Rosenberg (Susz/Polen), Stadtschule, Baderaum	53° 43,0′ 19° 20,4′ 106,2 m 1,95	Wk. 38 Wk. 38 Jg. 38 Jg. 38 Le. 38 Le. 38 Rd. 40 Wk. 40 b Mittel:	981,369.2 (6) 369.0 (6) 368.3 (5) 370.1 (5) 368.6 (6) 368.3 (6) 369.0 (5) 369.0 (9) 981,368.9 ± 0.19	+ 32.77 981,401.67 — 8.68 981,392.99	981,393.30 (+ 11.40) + 8.4 — 0.3	981,404.70 — 3.0 — 11.7
XI, 3 Goldap, Jugendherberge am Goldaper-See, Keller	54° 19,1′ 22° 20,4′ 156,8 m 1,98	Wk. 38 Jg. 38 Le. 38 Mittel:	981,420.4 (6) 422.1 (6) 421.2 (5) 981,421.2 ± 0.51	+ 48.39 981,469.59 — 13.02 981,456.57	981,445.16 (+ 11.25) + 24.4 + 11.4	981,456.41 + 13.2 + 0.2
XI, 4 Pr.-Eylau (Bagrationowsk/USSR), Haus am See, Bootskeller	54° 22,6′ 20° 38,0′ 82,1 m 1,93	Wk. 38 Jg. 38 Le. 38 Mittel:	981,438.3 (5) 436.2 (6) 437.9 (6) 981,437.4 ± 0.65	+ 25.34 981,462.74 — 6.64 981,456.10	981,450.18 (+ 11.24) + 12.6 + 5.9	981,461.42 + 1.3 — 5.3
XI, 5 Heinrichswalde (Jedrzychowo), Schule (Holzgebäude), Keller	55° 2,8′ 21° 40,9′ 4,5 m 1,8	Wk. 38 Jg. 38 Le. 38 Mittel:	981,510.7 (5) 511.4 (5) 511.5 (6) 981,511.2 ± 0.25	+ 1.39 981,512.59 — 0.34 981,512.25	981,507.47 (+ 11.08) + 5.1 + 4.8	981,518.55 — 6.0 — 6.3

$$M_{XI}^2 = \frac{1{,}1533}{5} = 0{,}2307; \quad M_{XI} = \pm 0.48$$

Meßgebiet XII

Station Lagebezeichnung	Breite Länge ö. Gr. Höhe ü. NN Dichte	Beob. Jahr 19..	g (Gewicht) System Potsdam	$g_0 - g$ g_0 $g_0'' - g_0$ g_0''	γ_0 $(\gamma_0' - \gamma_0)$ $g_0 - \gamma_0$ $g_0'' - \gamma_0$	γ_0' $g_0 - \gamma_0'$ $g_0'' - \gamma_0'$
XII, 1 Villach, Lindnerschule, Keller	46° 37,3′ 13° 50,8′ 505,8 m 2,52	Le. 39 Rd. 39 Wk. 40 a Mittel:	980,601.0 (8) 600.9 (5) 601.0 (7) 980,601.0 ± 0.05	+ 156.09 980,757.09 — 53.44 980,703.65	980,762.62 (+ 13.10) — 5.5 — 59.0	980,775.72 — 18.6 — 72.1
XII, 2 Lienz (Tirol), Bezirkskranken-haus, Keller	46° 50,1′ 12° 46,2′ 684,0 m 2,62	Le. 39 Wk. 40 a Mittel:	980,529.1 (4) 530.4 (5) 980,529.8 ± 0.65	+ 211.08 980,740.88 — 75.14 980,665.74	980,781.90 (+ 13.05) — 41.0 — 116.2	980,794.95 — 54.1 — 129.2
XII, 3 Heiligenkreuz i. Lafnitztal, Pfarr-hof, nordöstlicher Eckraum	46° 59,3′ 16° 15,9′ 242,9 m 2,05	Wk. 40 a Wk. 40 a Mittel:	980,770.1 (4) 770.4 (7) 980,770.3 ± 0.14	+ 74.96 980,845.26 — 20.88 980,824.38	980,795.75 (+ 13.01) + 49.5 + 28.6	980,808.76 + 36.5 + 15.6
XII, 4 Graz, Physikalisches Institut der Universität, Keller 42 an der Westfront	47° 4,7′ 15° 27,2′ 363,8 m 2,45	Wk. 40 a Wk. 40 a Mittel:	980,730.1 (7) 731.4 (5) 980,730.6 ± 0.64	+ 112.27 980,842.87 — 37.37 980,805.50	980,803.88 (+ 12.99) + 39.0 + 1.6	980,816.87 + 26.0 — 11.4
XII, 5 Tamsweg, Volks- und Haupt-schule, Wasch-küchenhäuschen	47° 7,7′ 13° 48,8′ 1020,2 m 2,65	Le. 39 Rd. 39 Mittel:	980,519.5 (6) 517.9 (5) 980,518.8 ± 0.80	+ 314.83 980,833.63 — 113.35 980,720.28	980,808.40 (+ 12.98) + 25.2 — 88.1	980,821.38 + 12.2 — 101.1
XII, 6 Zeltweg, Schloß Farrach, Keller i. ehemaligen Brauereigebäude	47° 11,4′ 14° 43,8′ 680,2 m 2,55	Le. 39 Rd. 39 Mittel:	980,601.8 (5) 601.7 (5) 980,601.8 ± 0.07	+ 209.91 980,811.71 — 72.73 980,738.98	980,813.96 (+ 12.96) — 2.2 — 75.0	980,826.92 — 15.2 — 87.9
XII, 7 Bischofshofen, Hauptschule, Keller an der Ostfront, nahe Südeingang	47° 25,2′ 13° 13,2′ 552,8 m 2,5	Le. 39 Wk. 40 a Mittel:	980,607.3 (8) 607.7 (6) 980,607.5 ± 0.20	+ 170.59 980,778.09 — 57.94 980,720.15	980,834.72 (+ 12.91) — 56.6 — 114.6	980,847.63 — 69.5 — 127.5
XII, 8 Liezen, Haus des Steuer-insp. Hans Pillat, Keller	47° 34,3′ 14° 14,3′ 673,9 m 2,58	Le. 39 Rd. 39 Wk. 40 a Mittel:	980,624.0 (7) 623.9 (7) 621.7 (2) 980,623.7 ± 0.53	+ 207.97 980,831.67 — 72.90 980,758.77	980,848.40 (+ 12.87) — 16.7 — 89.6	980,861.27 — 29.6 — 102.5
XII, 9 Pamhagen, Haus 159, Lehrer-wohnung, Keller neben der Küche des Hofgebäudes	47° 42,0′ 16° 54,9′ 119,5 m 1,95	Wk. 40 a Wk. 40 a Mittel:	980,847.1 (6) 845.7 (5) 980,846.5 ± 0.70	+ 36.88 980,883.38 — 9.77 980,873.61	980,859.97 (+ 12.84) + 23.4 + 13.6	980,872.81 + 10.6 + 0.8
XII, 10 Neunkirchen, Mühlfeldschule, Waschküche	47° 43,1′ 16° 5,4′ 363,9 m 2,45	Wk. 40 a Wk. 40 a Wk. 40 a Mittel:	980,777.3 (4) 776.0 (5) 778.5 (7) 980,777.4 ± 0.76	+ 112.30 980,889.70 — 37.38 980,852.32	980,861.62 (+ 12.84) + 28.1 — 9.3	980,874.46 + 15.2 — 22.1

Station Lagebezeichnung	Breite Länge ö. Gr. Höhe ü. NN Dichte	Beob. Jahr 19..	g (Gewicht) System Potsdam	$g_0 - g$ g_0 $g_0'' - g_0$ g_0''	γ_0 $(\gamma_0' - \gamma_0)$ $g_0 - \gamma_0$ $g_0'' - \gamma_0$	γ_0' $g_0 - \gamma_0'$ $g_0'' - \gamma_0'$
XII, 11 **Amstetten,**	48° 7,6′	Le. 39	980,811.9 (5)	+ 91.93	980,898.41	980,911.15
Schloß Edla,	14° 52,2′	Le. 39	810.5 (7)	980,902.73	(+ 12.74)	
d. tiefere Südkeller	297,9 m	Rd. 39	811.3 (6)	— 25.61	+ 4.3	— 8.4
(Hauptstation im	2,05	Rd. 39	810.5 (6)	980,877.12	— 21.3	— 34.0
Meßgebiet XII)		Rd. 39	810.0 (6)			
		Wk. 40 a	810.0 (7)			
		Wk. 40 a	811.2 (7)			
		Wk. 40 a	812.1 (5)			
		Wk. 40 a	811.5 (7)			
		Wk. 40 a	809.2 (5)			
		Mittel:	980,810.8 ± 0.28			
XII, 12 **Wien,**	48° 10,8′	Rd. 39	{ 980,851.2 (4)	+ 72.98	980,903.21	980,915.94
Gloriette in Schönbrunn, Mittelkeller,	16° 18,7′		850.4 (5)	980,923.48	(+ 12.73)	
Zementplatte im	236,5 m	Wk. 40 a	850.4 (7)	— 21.32	+ 20.3	+ 7.5
Ostteil	2,15	Wk. 40 a	850.1 (7)	980,902.16	— 1.0	— 13.8
		Mittel:	980,850.5 ± 0.22			
XII, 13 **Lundenburg**	48° 45,5′	Rd. 39	980,892.2 (5)	+ 49.07	980,955.20	980,967.80
(Břeclav),	16° 53,1′	Wk. 40 a	895.1 (6)	980,942.67	(+ 12.60)	
Malzstr. 16,	159,0 m	Wk. 40 a	893.2 (5)	— 13.33	— 12.5	— 25.1
Brennerei, Destillerie	2,0	Mittel:	980,893.6 ± 0.87	980,929.34	— 25.9	— 38.5
XII, 14 **Krumau** a.d.Moldau,	48° 48,7′	Rd. 39	980,837.3 (7)	+ 168.93	980,959.99	980,972.57
Schlößchen Bellaria	14° 18,7′	Le. 39	834.8 (7)	981,004.63	(+ 12.58)	
im Hofgarten,	547,4 m	Wk. 40 a	835.0 (7)	— 60.82	+ 44.6	+ 32.1
Küchenkeller	2,65	Mittel:	980,835.7 ± 0.80	980,943.81	— 16.2	— 28.8
XII, 15 **Drosendorf**	48° 52,1′	Rd. 39	{ 980,904.5 (6)	+ 126.99	980,965.07	980,977.64
a. d. Thaya,	15° 37,8′		904.6 (4)	981,031.59	(+ 12.57)	
Bürgerspital, Keller	411,5 m	Le. 39	904.9 (5)	— 46.59	+ 66.5	+ 54.0
(Mostpresse)	2,7	Wk. 40 a	904.5 (5)	980,985.00	+ 19.9	+ 7.4
		Mittel:	980,904.6 ± 0.10			

$$M^2_{XII} = \frac{4,4213}{15} = 0,2948; \quad M_{XII} = \pm 0.54$$

Meßgebiet XIII

Station Lagebezeichnung	Breite Länge ö. Gr. Höhe ü. NN Dichte	Beob. Jahr 19..	g (Gewicht) System Potsdam	$g_0 - g$ g_0 $g_0'' - g_0$ g_0''	γ_0 $(\gamma_0' - \gamma_0)$ $g_0 - \gamma_0$ $g_0'' - \gamma_0$	γ_0' $g_0 - \gamma_0'$ $g_0'' - \gamma_0'$
XIII, 1 **Tarnow,**	50° 1,0′	Rd. 40	981,018.8 (5)	+ 64.90	981,067.83	981,080.13
Poln. Volksschule Nr. 10 (Slowackischule),	20° 59,8′	Wk. 40 b	018.0 (6)	981,083.30	(+ 12.30)	
Dreschergasse 19, NO-Keller,	210,3 m	Mittel:	981,018.4 ± 0.34	— 18.52	+ 15.5	+ 3.2
Steinpfeiler in Fußbodenhöhe	2,1			981,064.78	— 3.0	— 15.4
XIII, 2 **Krakau** (Kraków),	50° 3,9′	Rd. 40	981,051.8 (5)	+ 63.08	981,072.14	981,084.42
Sternwarte,	19° 57,6′	Wk. 40 b	052.6 (8)	981,115.38	(+ 12.28)	
Kopernikusstraße,	204,4 m	Mittel:	981,052.3 ± 0,39	— 19.28	+ 43.2	+ 31.0
Seismographenkeller	2,25			981,096.10	+ 24.0	+ 11.7

Station Lagebezeichnung	Breite Länge ö. Gr. Höhe ü. NN Dichte	Beob. Jahr 19..	g (Gewicht) System Potsdam	$g_0 - g$ g_0 $g_0'' - g_0$ g_0''	γ_0 $(\gamma_0' - \gamma_0)$ $g_0 - \gamma_0$ $g_0'' - \gamma_0$	γ_0' $g_0 - \gamma_0'$ $g_0'' - \gamma_0'$
XIII, 3 Kielce,	50° 52,3′	Rd. 40	981,107.4 (7)	+ 84.53	981,143.89	981,155.98
Volksschule,	20° 38,4′	Wk. 40 b	108.3 (7)	981,192.33	(+ 12.09)	
Koziuskostr. 5,	273,9 m	Mittel:	981,107.8 ± 0.45	— 27.56	+ 48.4	+ 36.4
Vorratsraum südl. der Kellerküche	2,4			981,164.77	+ 20.9	+ 8.8
XIII, 4 Kalisch (Kalisz),	51° 45,8′	Rd. 40	981,204.2 (3)	+ 31.48	981,222.72	981,234.60
Knabengymnasium,	18° 5,5′	Wk. 40 b	207.2 (5)	981,237.88	(+ 11.88)	
Kantstr. 5, NO-	102,0 m	Wk. 40 b	206.8 (8)	— 8.98	+ 15.2	+ 3.3
keller im Ostflügel	2,1	Wk. 43	{ 206.6 (4) 204.6 (4)	981,228.90	+ 6.2	— 5.7
		Rd. 43	{ 207.4 (4) 206.5 (3)			
		Mittel:	981,206.4 ± 0.44			
XIII, 5 Lodz,	51° 47,8′	Rd. 40	981,166.1 (6)	+ 64.22	981,225.66	981,237.53
Volksschule 108,	19° 26,4′	Rd. 40	165.4 (7)	981,229.72	(+ 11.87)	
ulica Mackiewicze 7,	208,1 m	Wk. 40 b	165.2 (8)	— 19.20	+ 4.1	— 7.8
SW-Keller Nr. 5	2,2	Mittel:	981,165.5 ± 0.26	981,210.52	— 15.1	— 27.0
XIII, 6 Posen (Poznan),	52° 23,7′	Rd. 40	981,264.9 (7)	+ 25.68	981,278.23	981,289.95
Univ.-Sternwarte,	16° 52,6′	Rd. 40	264.2 (6)	981,290.38	(+ 11.72)	
Schubertstr. 36,	83,2 m	Rd. 40	264.8 (5)	— 7.33	+ 12.2	+ 0.4
NO-Keller	2,1	Rd. 40	264.4 (7)	981,283.05	+ 4.8	— 6.9
(Hauptstation im		Wk. 40 b	263.0 (7)			
Meßgebiet XIII)		Wk. 40 b	266.8 (4)			
		Wk. 40 b	263.7 (8)			
		Wk. 40 b	265.1 (6)			
		Rd. 41	{ 264.3 (4) 264.8 (4)			
		Rd. 41	{ 263.6 (5) 265.7 (5)			
		Rd. 41	264.5 (6)			
		Wk. 41	{ 264.9 (5) 264.8 (5)			
		Wk. 41	{ 265.2 (5) 265.0 (4)			
		Wk. 43	{ 265.9 (4) 265.8 (4)			
		Rd. 43	{ 264.0 (4) 266.4 (3)			
		Mittel:	981,264.7 ± 0.20			
XIII, 7 Wloclawek,	52° 39,2′	Rd. 40	981,274.1 (5)	+ 17.71	981,300.84	981,312.50
Stadtgärtnerei,	19° 5,4′	Wk. 40 b	279.4 (4)	981,293.41	(+ 11.66)	
Kopernikusstr. 2,	57,4 m	Wk. 43	{ 275.2 (4) 275.0 (5)	— 4.81	— 7.4	— 19.1
N-Keller i. Wohnh.	2,0	Rd. 43	{ 276.9 (4) 274.4 (4)	981,288.60	— 12.2	— 23.9
		Mittel:	981,275.7 ± 0.80			
XIII, 8 Bromberg	53° 7,8′	Rd. 40	981,310.4 (6)	+ 13.58	981,342.41	981,353.95
(Bydgoszcz),	18° 1,1′	Wk. 40 b	310.6 (5)	981,324.08	(+ 11.54)	
Fichte-Pl., Reichsf.-Anst. f. Landwirtsch.	44,0 m	Mittel:	981,310.5 ± 0.10	— 3.69	— 18.3	— 29.9
Kartoffelkeller i. d. SO-Ecke des Hofes	2,0			981,320.39	— 22.0	— 33.6
XIII, 9 Danzig-Langfuhr	54° 22,1′	Rd. 40	981,452.1 (6)	+ 6.36	981,449.46	981,460.70
(Gdansk), Hochsch. f. Lehrerbild. Kö-	18° 37,0′	Wk. 40 b	450.9 (7)	981,457.86	(+ 11.24)	
nigsthal. Weg 18/19,	20,6 m	Mittel:	981,451.5 ± 0.60	— 1.73	+ 8.4	— 2.8
Ostkell. d. südl. angebaut. Wohnhauses	2,0			981,456.13	+ 6.7	— 4.6

$$M^2_{XIII} = \frac{1,7814}{9} = 0,1979;$$

$$M_{XIII} = \pm 0.44$$

Meßgebiet XIV

Station Lagebezeichnung	Breite Länge ö. Gr. Höhe ü. NN Dichte	Beob. Jahr 19..	g (Gewicht) System Potsdam	$g_0 - g$ g_0 $g_0'' - g_0$ g_0''	γ_0 $(\gamma_0' - \gamma_0)$ $g_0 - \gamma_0$ $g_0'' - \gamma_0$	γ_0' $g_0 - \gamma_0'$ $g_0'' - \gamma_0'$
XIV, 1 Rzeszow, Alte Pumpstation des Südbahnhofs, verlängerte Margaretenstr., Kohlenraum, Steinpfeiler in Fußbodenhöhe	50° 1,7′ 20° 59,8′ 204,0 m 2,1	Rd. 41 Wk. 41 Mittel:	981,019.4 (6) 019.2 (6) 981,019.3 ± 0.10	+ 62.95 981,082.25 — 17.96 981,064.29	981,068.88 (+ 12.19) + 13.4 — 4.6	981,081.07 + 1.2 — 16.8
XIV, 2 Bilgoraj, Frühere Limonadenfabrik (vorübergehend ukrain. Bethaus), etwa 500 m westl. d. Gemeindekirche am Nordrand der Stadt. Keller, Steinpfeiler in Fußbodenhöhe	50° 32,9′ 22° 43,2′ 202,6 m 2,2	Rd. 41 Wk. 41 Mittel:	981,098.8 (7) { 097.7 (4) { 097.9 (4) 981,098.3 ± 0.36	+ 62.52 981,160.82 — 18.69 981,142.13	981,115.18 (+ 12.17) + 45.6 + 27.0	981,127.35 + 33.5 + 14.8
XIV, 3 Sandomierz, Priesterheim b. d. St. Jakobskirche, NW-Keller, großer Bade- u. Toilettenraum	50° 40,7′ 21° 44,7′ 175,9 m 2,2	Rd. 41 Wk. 41 Mittel:	981,106.9 (4) { 106.8 (4) { 105.8 (4) 981,106.5 ± 0.35	+ 54.28 981,160.78 — 16.22 981,144.56	981,126.74 (+ 12.14) + 34.0 + 17.8	981,138.88 + 21.9 + 5.7
XIV, 4 Hrubieszow, Privathaus a. Ziegelstein, Slowatzkistr. 6 am NW-Rand d. Stadt, großer SW-Keller, Steinpfeiler in Fußbodenhöhe	50° 48,7′ 23° 52,7′ 188,9 m 2,15	Rd. 41 Wk. 41 Mittel:	981,071.2 (6) { 072.3 (4) { 069.5 (4) 981,071.0 ± 0.76	+ 58.29 981,129.29 — 17.03 981,112.26	981,138.57 (+ 12.11) — 9.3 — 26.3	981,150.68 — 21.4 — 38.4
XIV, 5 Lublin, Wohnhaus, Czystastr. 3, N-Keller im NW-Flügel (Hinterhaus)	51° 15,0′ 22° 33,2′ 196,2 m 2,1	Rd. 41 Rd. 41 Wk. 41 Wk. 41 Mittel:	981,155.2 (6) 154.6 (6) 155.6 (7) { 155.0 (4) { 155.1 (7) { 156.3 (4) 981,155.3 ± 0.22	+ 60.55 981,215.85 — 17.28 981,198.57	981,177.41 (+ 12.00) + 38.4 + 21.2	981,189.41 + 26.4 + 9.2
XIV, 6 Radom, Städt. Wohnhaus, Str. d. 1. Mai, Nr. 78. 4. Gebäude östl. der Straße, Trockenraum i. Nordkeller (Hauptstation im Meßgebiet XIV)	51° 24,6′ 21° 10,3′ 162,1 m 2,2	Rd. 41 Rd. 41 Rd. 41 Rd. 41 Wk. 41 Wk. 41 Wk. 41 Mittel:	{ 981,174.6 (5) { 174.1 (5) { 172.4 (5) { 172.8 (4) { 174.3 (5) { 174.1 (4) 175.0 (5) { 174.4 (4) { 173.9 (4) { 174.6 (4) { 173.1 (4) 173.4 (4) 981,173.9 ± 0.24	+ 50.02 981,223.92 — 14.95 981,208.97	981,191.56 (+ 11.96) + 32.4 + 17.4	981,203.52 + 20.4 + 5.4
XIV, 7 Siedlce, Stanislaus-Kirche, Nordkeller unter Marienaltar. Steinpfeiler i. Fußbodenhöhe	52° 10,2′ 22° 17,1′ 150,7 m 2,1	Rd. 41 Wk. 41 Mittel:	981,200.0 (2) 198.3 (5) 981,198.8 ± 0.77	+ 46.51 981,245.31 — 13.27 981,232.04	981,258.49 (+ 11.78) — 13.2 — 26.4	981,270.27 — 25.0 — 38.2

Station Lagebezeichnung	Breite Länge ö. Gr. Höhe ü. NN Dichte	Beob. Jahr 19..	g (Gewicht) System Potsdam	$g_0 - g$ g_0 $g_0'' - g_0$ g_0''	γ_0 $(\gamma_0' - \gamma_0)$ $g_0 - \gamma_0$ $g_0'' - \gamma_0$	γ_0' $g_0 - \gamma_0'$ $g_0'' - \gamma_0'$
XIV, 8 **Warschau** (Warszawa), Elektoralnastr. 2, Hauptamt für Maß u. Gewicht, Pendelkeller. 1,065 m hoher Peiler. (Poln. Zentralstation)	52° 14,6′ 21° 00,2′ 111,3 m 2,05	Rd. 41 Wk. 41 Wk. 41 Mittel:	{ 981,240.7 (4) { 241.1 (6) 239.8 (5) 239.7 (7) 981,240.3 ± 0.35	+ 34.35 981,274.65 — 9.57 981,265.08	981,264.94 (+ 11.76) + 9.7 + 0.1	981,176.70 — 2.0 — 11.6
XIV, 9 **Zjechanow** (Zichenau), Wasserwirtschaftsamt, Saguminerstraße, Nordgebäude mit Amtsleiterwohnung, Waschküche	52° 52,7′ 20° 37,4′ 127,7 m 2,1	Rd. 41 Wk. 41 Mittel:	981,310.0 (5) { 311.4 (3) { 310.7 (3) 981,310.6 ± 0.41	+ 39.41 981,350.01 — 11.24 981,338.77	981,320.48 (+ 11.60) + 29.5 + 18.3	981,332.08 + 17.9 + 6.7
			$M_{XIV}^2 = \frac{1,8292}{9} = 0,2032$; $M_{XIV} = \pm 0.45$			

Meßgebiet XV

Station Lagebezeichnung	Breite Länge ö. Gr. Höhe ü. NN Dichte	Beob. Jahr 19..	g (Gewicht) System Potsdam	$g_0 - g$ g_0 $g_0'' - g_0$ g_0''	γ_0 $(\gamma_0' - \gamma_0)$ $g_0 - \gamma_0$ $g_0'' - \gamma_0$	γ_0' $g_0 - \gamma_0'$ $g_0'' - \gamma_0'$
XV, 1 **Mülhausen**(Mulhouse) Mädchen-Mittelsch., Grabenstr. 11, Gebäude 2, Keller in der SW-Ecke (Pendelstation von 1915)	47° 45,0′ 7° 20,0′ 237,6 m 2,25	Wk. 42 Rd. 42 Mittel:	{ 980,813.4 (2) { 812.5 (4) 811.8 (6) 980,812.3 ± 0.41	+ 73.32 980,885.62 — 22.42 980,863.20	980,864.48 (+ 12.83) + 21.1 — 1.3	980,877.31 + 8.3 — 14.1
XV, 2 **Schlettstadt** (Sélestat) Lehrer-Seminar, Keller unter d. Vorraum d. großenKüche im hohen NO-Flügel	48° 15,9′ 7° 27,3′ 170,4 m 2,2	{ Wk. 42 { Rd. 42 Mittel:	{ 980,864.5 (3) { 864.2 (5) 864.8 (6) 980,864.5 ± 0.19	+ 52.59 980,917.09 —15.72 980,901.37	980,910.86 (+ 12.71) + 6.2 — 9.5	980,923.57 — 6.5 — 22.2
XV, 3 **Straßburg** (Strasbourg), Univ.-Sternwarte, Keller unt. d. großen Refraktor. (Alte Pendelstation)	48° 35,0′ 7° 46,2′ 136,7 m 2,2	Wk. 42 Rd. 42 Mittel:	{ 980,898.6 (4) { 898.3 (6) 899.3 (7) 980,898.8 ± 0.32	+ 42.19 980,940.99 — 12.61 980,928.38	980,939.48 (+ 12.64) + 1.5 — 11.1	980,952.12 — 11.1 — 23.7
XV, 4 **Saarburg**/Lthr. (Sarrbourg/Moselle), Neue Schul. a. d. Saar, Schulstaden, Waschk. nördl. der Haustür	48° 44,0′ 7° 03,2′ 247,3 m 2,4	Wk. 42 Rd. 42 Mittel:	{ 980,928.4 (2) { 930.5 (2) { 927.7 (5) { 927.5 (6) 980,928.1 ± 0.57	+ 76.32 981,004.42 — 24.89 980,979.53	980,952.95 (+ 12.60) + 51.5 + 26.6	980,965.55 + 38.9 + 14.0

Station Lagebezeichnung	Breite Länge ö. Gr. Höhe ü. NN Dichte	Beob. Jahr 19..	g (Gewicht) System Potsdam	$g_0 - g$ g_0 $g_0'' - g_0$ g_0''	γ_0 $(\gamma_0' - \gamma_0)$ $g_0 - \gamma_0$ $g_0'' - \gamma_0$	γ_0' $g_0 - \gamma_0'$ $g_0'' - \gamma_0'$
XV, 5 Metz, Gemeindeschule (früh. Nonnenschule), Vogesenstr. 35 in Metz-Ost, Waschküche vor der Heizanlage im neuen SW-Flügel	49° 06,6' 6° 11,8' 203,2 m 2,4	Wk. 42 Rd. 42 Mittel:	{ 980,945.4 (3) 944.9 (6) 945.7 (8) 980,945.4 ± 0.26	+ 62.71 981,008.11 — 20.45 980,987.66	980,986.75 (+ 12.51) + 21.4 + 0.9	980,999.26 + 8.8 — 11.6
XV, 6 Luxemburg, Städt. Handwerkerschule a. d. Wimpertsberg, Keller unt. der ehemalig. Kapelle im N-Flügel des Hauptgebäudes	49° 37,4' 6° 07,6' 319,2 m 2,4	Wk. 42 Rd. 42 Mittel:	{ 980,977.6 (3) 977.5 (5) 978.4 (5) 980,977.9 ± 0.30	+ 98.51 981,076.41 — 32.12 981,044.29	981,032.70 (+ 12.39) + 43.7 + 11.6	981,045.09 + 31.3 — 0.8
		$M^2_{XV} = \frac{0,7891}{6} = 0,1315;$ $M_{XV} = \pm 0.36$				

Meßgebiet XVI

Station Lagebezeichnung	Breite Länge ö. Gr. Höhe ü. NN Dichte	Beob. Jahr 19..	g (Gewicht) System Potsdam	$g_0 - g$ g_0 $g_0'' - g_0$ g_0''	γ_0 $(\gamma_0' - \gamma_0)$ $g_0 - \gamma_0$ $g_0'' - \gamma_0$	γ_0' $g_0 - \gamma_0'$ $g_0'' - \gamma_0'$
XVI, 1 Brünn (Brno), Techn. Hochschule Brünn, Exnergasse 17, Keller im NO-Flügel	49° 12,4' 16° 35,5' 258,9 m 2,5	Wk. 43 Rd. 43 Wk. 43 Rd. 43 Mittel:	{ 980,959.8 (4) 959.1 (4) { 958.3 (4) 956.9 (4) { 958.3 (5) 957.8 (4) { 958.8 (4) 958.0 (3) 980,958.4 ± 0.31	+ 79.90 981,038.30 — 27.14 981,011.16	980,995.41 (+ 12.49) + 42.9 + 15.8	981,007.90 + 30.4 + 3.3
XVI, 2 Tabor, Gymnasium am Klosterplatz (ehemals Kloster), südwestlich der Kirche, Waschküche in der W-Ecke d. Gebäudes	49° 24,8' 14° 39,4' 443,5 m 2,5	Wk. 43 Rd. 43 Mittel:	{ 980,916.9 (5) 917.6 (4) { 917.4 (5) 916.8 (3) 980,917.2 ± 0.19	+ 136.86 981,054.06 — 46.48 981,007.58	981,013.92 (+ 12.44) + 40.1 — 6.3	981,026.36 + 27.7 — 18.8
XVI, 3 Olmütz (Olomouc), Altersheim in Chwalkowitz, Bügelkeller im N-Flügel	49° 37,1' 17° 18,0' 216,6 m 2,5	Wk. 43 Rd. 43 Mittel:	{ 980,989.4 (2) 987.7 (7) { 986.5 (4) 987.8 (5) 980,987.7 ± 0.46	+ 66.84 981,054.54 — 22.70 981,031.84	981,032.26 (+ 12.39) + 22.3 — 0.4	981,044.65 + 9.9 — 12.8
XVI, 4 Nürschan (b. Pilsen) (Nyrany), Volksh. (H. Nr. 731), etwa 150 m SSW d. Pfarrk. NW-Keller	49° 42,7' 13° 12,6' 333,2 m 2,5	Wk. 43 Rd. 43 Mittel:	{ 980,977.3 (4) 978.0 (7) { 978.2 (4) 978.5 (6) 980,978.0 ± 0.24	+ 102.83 981,080.83 — 34.93 981,045.90	981,040.61 (+ 12.37) + 40.2 + 5.3	981,052.98 + 27.8 — 7.1

Station Lagebezeichnung	Breite Länge ö. Gr. Höhe ü. NN Dichte	Beob. Jahr 19..	g (Gewicht) System Potsdam	$g_0 - g$ g_0 $g_0'' - g_0$ g_0''	γ_0 $(\gamma_0' - \gamma_0)$ $g_0 - \gamma_0$ $g_0'' - \gamma_0$	γ_0' $g_0 - \gamma_0'$ $g_0'' - \gamma_0'$
XVI, 5 Hlinsko, Altersheim (Haus Nr. 867) am Ostrand des Sportplatzes, Wasch- u. Duschraum	49° 45,6' 15° 54,8' 560,8 m 2,5	Wk. 43 Rd. 43 Mittel:	980,926.4 (4) 926.3 (6) 926.4 (5) 926.2 (5) 980,926.3 ± 0.05	+ 173.06 981,099.36 — 58.78 981,040.58	981,044.92 (+ 12.36) + 54.4 — 4.3	981,057.28 + 42.1 — 16.7
XVI, 6 Prag (Praha), Strachower Kloster, großer südl. Felsenkeller unter dem Strachower Garten, Südende des Kellers	50° 05,2' 14° 23,4' 297,0 m 2,5	Wk. 43 Rd. 43 Wk. 43 Rd. 43 Mittel:	981,013.5 (4) 014.1 (5) 012.7 (3) 013.9 (5) 013.1 (4) 013.6 (5) 013.4 (4) 016.0 (3) 981,013.8 ± 0.29	+ 91.65 981,105.45 — 31.13 981,074.32	981,074.08 (+ 12.28) + 31.4 + 0.2	981,086.36 + 19.1 — 12.0
XVI, 7 Glatz (Kłodzko), Fr.-Ludw.-Schule am Heinrich-Vogtsdorf-Wall, südwestl. d. Pfarrkirche, Flur im Erdgeschoß des Westflügels hinter Brauseraum	50° 26,3' 16° 39,3' 292,2 m 2,5	Wk. 43 Rd. 43 Mittel:	981,055.7 (2) 057.2 (5) 056.4 (6) 981,056.6 ± 0.38	+ 90.17 981,146.77 — 30.63 981,116.14	981,105.39 (+ 12.19) + 41.4 + 10.8	981,117.58 + 29.2 — 1.4
XVI, 8 Jitschin (Jičin), Realgymnasium, Jeracekgasse 30, Waschküche an der NO-Ecke des Nordflügels südlich der Turnhalle	50° 26,5' 15° 21,2' 277,4 m 2,5	Wk. 43 Rd. 43 Mittel:	981,056.0 (4) 055.6 (5) 056.2 (5) 056.7 (4) 981,056.1 ± 0.23	+ 85.61 981,141.71 — 29.08 981,112.63	981,105.69 (+ 12.19) + 36.0 + 6.9	981,117.88 + 23.8 — 5.2
XVI, 9 Komotau (Chomutow), Oberschule für Jungen, Brixer Straße, Brauseraum im N-Flügel sdl. d. Turnh. vertiefter Mittelteil	50° 28,0' 13° 25,3' 357,8 m 2,5	Wk. 43 Rd. 43 Mittel:	981,016.4 (5) 016.8 (5) 017.4 (5) 015.8 (4) 981,016.6 ± 0.33	+ 110.42 981,127.02 — 37.51 981,089.51	981,107.92 (+ 12.19) + 19.1 — 18.4	981,120.11 + 6.9 — 30.6
		$M^2_{XVI} = \frac{0,7942}{9} = 0,0882$; $M_{XVI} = \pm 0.30$				

Stations-Verzeichnis

FSC
www.fsc.org
MIX
Papier | Fördert gute Waldnutzung
FSC® C083411

Kolibri 360 GmbH
Ferdinand-Jühlke-Straße 7
99095 Erfurt, Deutschland
produktsicherheit@kolibri360.de